图解空间太阳能电站

侯欣宾
编 著

化学工业出版社
·北京·

内容简介

空间太阳能电站作为服务于能源领域的航天重大装备系统，有望成为利用空间能源为人类提供规模巨大、持续、稳定的清洁绿色电力的重要基础设施。本书以图文结合的方式，从全球气候变化与碳中和目标背景入手，介绍了空间太阳能电站的发展背景、国际发展现状、典型空间太阳能电站概念，并针对重要的空间大功率太阳能发电、无线能量传输系统以及空间太阳能电站的运输及在轨构建模式进行了阐述，最后以我国提出的、在国际上具有重要影响的多旋转关节空间太阳能电站为例进行了系统方案介绍。

本书内容全面、图文并茂，便于读者快速全面地了解空间太阳能电站的发展背景和现状，理解空间太阳能电站的技术特点、系统组成及涉及的相关技术，适合于从事航天、能源、电气、机械、电子等专业方向的高等院校学生阅读，也可供从事空间太阳能电站研究的科研人员参考使用。

图书在版编目（CIP）数据

图解空间太阳能电站/侯欣宾编著. —北京：化学工业出版社，2023.2
（科技前沿探秘丛书）
ISBN 978-7-122-42736-6

Ⅰ.①图… Ⅱ.①侯… Ⅲ.①太阳能发电-图解
Ⅳ.①TM615-64

中国版本图书馆CIP数据核字（2023）第012131号

责任编辑：张海丽　　装帧设计：溢思视觉设计 E-mail: isstudio@126.com /张博轩
责任校对：宋　玮

出版发行：化学工业出版社
（北京市东城区青年湖南街13号　邮政编码100011）
印　　装：中煤（北京）印务有限公司
710mm×1000mm　1/16　印张13¼　字数197千字
2023年5月北京第1版第1次印刷

购书咨询：010-64518888　　售后服务：010-64518899
网　　址：http://www.cip.com.cn
凡购买本书，如有缺损质量问题，本社销售中心负责调换。

定　　价：79.80元

序

能源和环境是影响全球可持续发展、构建人类命运共同体的重大问题，早日实现净零排放已成为全球的共识。2020年9月，中国在第七十五届联合国大会上正式宣布，力争2030年前二氧化碳排放达到峰值，努力争取2060年前实现碳中和目标。为了实现“双碳”战略目标，全世界对于可再生能源的需求将保持强劲增长的态势，但传统可再生能源技术的极不稳定性使得现有的清洁能源体系应对实现净零排放目标存在巨大的挑战，亟须发展新型的可作为基础负载供电的大规模清洁能源。

空间太阳能电站可以提供规模巨大、持续、稳定、清洁的绿色电力，可能成为清洁能源体系的重要组成部分，有望成为服务于新能源的航天重大装备系统。随着可重复使用运载技术和规模化航天器研制能力的提升，发展空间太阳能电站从技术和经济上正在逐渐变得具有重大的现实意义，美国、日本以及欧洲一些国家都把空间太阳能电站作为应对这一挑战的重要政策性选项。未来10～20年将成为技术快速突破、在轨验证与应用的重要窗口期，空间太阳能电站正迎来新的发展机遇。

1992年，几位中国科研人员首次参加了国际空间大学组织的空间太阳能电站方案设计活动。2006年，在庄逢甘院士、王希季院士等专家们的推动下，我国开始启动空间太阳能电站研究。2013年，杨士中院士、段宝岩院士向国家提出建设空间太阳能电站的建议，得到中央领导高度重视。2014年，国防科工局联合发改委、科技部等部门组织专家开展论证，提出我国发展路线图建议。最近几年，我国空间太阳能电站研究工作稳步推进，初步形成了系统方案和关键技术创新成果群，总体研究水平和国际影响力不断提升。由国家主导，发挥举国体制优势，加快研发步伐，有可能使我国在空间太阳能电站发展中形成后发优势，对于实现“双碳”战略具有重要意义。

空间太阳能电站的发展涉及的专业和领域极广，包括力学、机械、电气、电子、微波、激光、热物理、控制、材料等多个学科，以及航天、能源、电力等多个领域，同时还涉及环境、安全、政策、法律等相关领域。空间太阳能电站是航天领域的重大科技工程，将直接牵引空间超高电压大功率发电系统、空间超大系统（千米级）在轨构建与控制、空间远距离高效无线能量传输等前沿技术的创新，推动空间资源利用等新兴产业的发展。空间太阳能电站除用于商业化发电以外，还可用于偏远地区供电、移动供电、救灾供电、深空供电等，具有广泛的应用价值，具有很好的社会和经济效益。

在各级领导和专家的支持下，中国宇航学会空间太阳能电站专业委员会（下简称“专委会”）于2021年3月正式成立，为我国从事空间太阳能电站的学者们提供了一个高水平、高层次的学术交流平台，将通过技术协同和产学研合作，为我国造就一批世界级的科技领军人才和创新团队，推进空间太阳能电站的技术跨越式进步和应用商业产业化。同时，开展广泛的科普推广工作也是专委会的一个重要职责，本书作者作为专委会的一员，长期从事该领域的研究工作，在国内外具有较高的影响力，对空间太阳能电站有着深入的理解。此次以图文结合的方式，对空间太阳能电站的发展背景、发展现状、概念方案和主要技术进行系统的阐述，也是一次新的尝试，将面向不同的读者群，使公众能够更好地了解空间太阳能电站的发展意义、发展前景和核心技术问题。该书是我国第一本关于空间太阳能电站的半科普性著作，将对于向公众进行空间太阳能电站的知识普及、宣传和传播，培养基础研究和技术研发人才起到积极的作用。

期待社会各界能够关注并支持空间太阳能电站的发展，希望更多的专家和年轻学者能够投入到空间太阳能电站的研发创新工作中，也欢迎加入空间太阳能电站专业委员会，共同打造空间太阳能电站发展的社会和科技生态圈，推动我国的空间太阳能电站早日实现，造福人类。

李明

国际宇航科学院院士

中国宇航学会空间太阳能电站专业委员会主任

前言

能源是人类社会赖以生存和发展的主要物质基础，全球能源消耗量日益增加，传统化石能源消耗所带来的全球性气候变暖趋势明显、极端天气频发，极大地影响了人类的生存，能源成为制约世界社会与经济可持续发展的核心问题之一，发展清洁能源逐渐替代传统化石能源、早日实现净零排放成为全球的共识。2020年9月，中国提出力争在2030年前实现碳达峰、2060年前实现碳中和。由于可再生能源技术的极度不稳定，基于现有的清洁能源体系满足人类对于可靠能源的需求、实现全球“碳中和”目标面临着巨大的挑战，亟须发展新型的可作为基础负载电源的大规模清洁能源技术。

空间太阳能电站是一项在空间进行大规模太阳能收集、转化并通过无线方式将电能传输到地面电网的航天工程，其独特的优势是能够不受昼夜与天气变化的影响，为人类提供可持续的清洁能源，是人类利用空间资源解决未来能源危机和环境问题的宏伟计划。近年来，航天技术快速发展，特别是可重复使用运载技术大幅降低了空间运输成本，规模化的航天器研制模式极大地降低了航天器的制造成本，发展空间太阳能电站从技术和经济上正在逐渐变得具有重大的现实意义。空间太阳能电站正在重新得到美国、日本、ESA（欧洲航天局）、韩国、英国、澳大利亚等国家及有关国际组织和私营公司的高度重视，中国也开展了长期的研究，已成为推动国际空间太阳能电站发展的核心力量。空间太阳能电站有望成为未来应对全球气候变化“碳中和”清洁能源体系中的重要组成。

本书基于作者在空间太阳能电站领域的研究经历，参考了相关的国内外资料，以图文结合的方式，从全球气候变化与碳中和目标背景入手，全面介绍了国际空间太阳能电站的发展现状，对国际上提出的多种概念和方案进行了分析和比较，针对空间大功率太阳能发电、无线能量传输系统以及空间太阳能电站的运输及在轨构建模式进行了阐述，并系统介绍了我国提出的多旋转关节空间太阳能电站方案。全书共7章，第1章主要介绍空间太阳能电站的发展背景以及国际发展现状；第2章介绍了空间太阳能电站的运行轨道、空间环境特性、系统组成等；第3章对国际上提出的典型空间太阳能电站概念进行了描述和分类比较；第4章对空间大功率太阳能发电系统涉及的主要技术进行了介绍；第5章对空间太阳能电站独特的无线能量传输系统进行了介绍；第6章重点分析了空间太阳能电站可能的运输模式和在轨组装需求；第7章以多旋转关节空间太阳能电站为代表介绍了典型空间太阳能电站的系统组成和方案。

本书编写过程中参考了国内外该领域相关专家的研究成果，在此对各位专家表示衷心感谢，同时也向各级领导和专家对该领域的长期支持和帮助表示特别感谢！

由于编著者的学识和专业面有限，书中难免存在不足，恳请广大读者批评指正。

编著者

目录

第1章 空间太阳能电站发展背景与现状 1

1.1 概述 1

1.2 全球气候变化与碳中和目标 3

1.2.1 温室效应及其影响 3

1.2.2 联合国气候变化框架公约及全球碳中和目标 6

1.2.3 新能源发展现状 8

1.3 利用空间技术解决全球变暖问题 11

1.3.1 全球变暖可能的航天解决方式 11

1.3.2 空间太阳能电站的概念 15

1.3.3 空间太阳能电站的特点 17

1.4 国际空间太阳能电站发展概况 20

1.4.1 美国 20

1.4.2 中国 22

1.4.3 日本 23

1.4.4 欧洲航天局 25

1.4.5 其他国家 26

第2章 空间太阳能电站设计基础 29

2.1 运行轨道特性 29

2.2 空间环境特性 33

2.2.1 空间环境 33

2.2.2 空间环境对空间太阳能电站的影响 37
2.3 空间太阳能电站组成 39
2.3.1 空间太阳能电站工程组成 39
2.3.2 空间太阳能电站系统组成 40
2.3.3 空间太阳能电站能量传输链路 42
2.4 无线能量传输方式比较 44

第3章 典型空间太阳能电站方案 47

3.1 空间太阳能电站分类 47
3.2 非聚光连续传输型空间太阳能电站 48
3.2.1 1979 SPS参考系统 48
3.2.2 多旋转关节空间太阳能电站 50
3.2.3 K-SSPS 51
3.2.4 模块化多旋转关节空间太阳能电站 52
3.3 非连续传输型空间太阳能电站 54
3.3.1 太阳塔 54
3.3.2 SPS 2000 55
3.3.3 太阳帆塔 57
3.3.4 绳系空间太阳能电站 58
3.3.5 微波蠕虫 61
3.4 聚光连续传输型空间太阳能电站 63
3.4.1 集成对称聚光系统 63

3.4.2 二次反射集成对称聚光系统 64
3.4.3 任意相控阵空间太阳能电站 65
3.4.4 SSPS-OMEGA 空间太阳能电站 68
3.4.5 CASSIOPeiA 空间太阳能电站 69
3.5 激光传输空间太阳能电站 71
3.5.1 激光传输空间太阳能电站 71
3.5.2 太阳光直接泵浦激光空间太阳能电站 73
3.6 月球太阳能电站 75

第4章 空间大功率太阳能发电系统 77

4.1 空间太阳能发电方式 77
4.2 空间用太阳电池 79
4.3 空间太阳电池阵 84
4.3.1 典型空间太阳电池阵 84
4.3.2 空间聚光太阳电池阵 85
4.3.3 柔性太阳电池阵的折叠展开形式 91
4.4 空间电力传输与管理方式 98

第5章 无线能量传输系统 101

5.1 微波无线能量传输 101

5.1.1 微波无线能量传输系统组成及特点 101
5.1.2 微波无线能量传输系统效率链 102
5.1.3 微波频率选择 103
5.1.4 天线尺寸选择 104
5.1.5 微波功率源选择 106
5.1.6 微波能量接收转化 107
5.1.7 微波发射天线 108
5.1.8 微波波束方向控制 110
5.2 激光无线能量传输 114
5.2.1 激光无线能量传输系统组成 114
5.2.2 激光无线能量传输系统效率链 115
5.2.3 大功率激光器 116
5.2.4 激光发射系统 121
5.2.5 高效激光接收转化 124
5.2.6 激光无线能量传输的可能应用场景 128
5.2.7 月球激光无线能量传输 130

第6章 空间太阳能电站运输、在轨构建及末期处理 133

6.1 空间太阳能电站组装运输模式分析 133

6.1.1 近地轨道组装运输模式 134
6.1.2 地球静止轨道组装运输模式 135
6.1.3 近地轨道与地球静止轨道组装相结合运输模式 136
6.2 空间太阳能电站的运输 136
6.2.1 地面-LEO运输 137
6.2.2 LEO-GEO轨道间运输 146
6.3 空间太阳能电站的组装 153
6.3.1 空间太阳能电站组装设施需求 153
6.3.2 空间组装服务平台 154
6.3.3 空间组装机器人 156
6.4 空间太阳能电站末期处置 161

第7章 多旋转关节空间太阳能电站 163

7.1 电站系统组成 163
7.2 电站构型 165
7.3 能量转化效率分配 166
7.4 主要分系统初步方案 167
7.4.1 太阳能收集与转化分系统 167
7.4.2 电力传输与管理分系统 171
7.4.3 微波无线能量传输分系统 175
7.4.4 结构分系统 178
7.4.5 方案小结 182

7.5 空间太阳能电站的运输 184

7.6 空间太阳能电站的在轨组装 189

7.7 空间太阳能电站经济性 193

7.7.1 全周期成本分析流程 193

7.7.2 电站成本分析结果 194

参考文献 196

第1章

空间太阳能电站发展背景与现状

1.1 概述

能源是人类社会赖以生存和发展的主要物质基础，随着能源消耗量的快速增加，能源短缺以及传统化石能源消耗所带来的全球性气候与环境问题成为制约世界社会与经济可持续发展的极为重要的问题，发展清洁能源、开发可再生能源、逐渐替代传统化石能源成为全球的共识。2016年11月4日，《巴黎协定》正式生效，标志着人类向着可持续发展的目标迈出了重要的一步，能否早日实现“净零排放”成为全球控制气候变化的关键。中国是世界上可再生能源发展最快的国家，太阳能和风能发电装机容量均居世界第一。2020年9月，中国提出力争在2030年前实现碳达峰、2060年前实现碳中和，体现了中国为实现人类命运共同体的大国担当。

2022年，世界多地遭遇了历史上罕见的高温和干旱天气，全球气候变暖趋势明显、极端天气频发，极大地影响着人类的生存。欧洲遭遇了极端高温及500年来最严重的干旱，伦敦出现创纪录的40℃高温，高温和干旱造成欧洲的水力发电量大幅下降。同时，欧洲正在面对严重的能源危机，电力价格飙升，以德国为代表的国家正在重启准备关停的火电厂，并将延长核电站的运行寿命。中国在2022年也经历了极端高温及干旱天气，重庆出现了连续22天40℃以上的极端高温天气，最高气温达到创纪录的45℃。同时，长江中下游地区经历了罕见的特重度干旱，鄱阳湖水体面积缩水近9成，出现了奇特的“大地之树”景观（图1-1）。四川省作为我国的水力发电大省，也是最大的水电输出省，2022年却遭遇了罕见的电荒，给工农业生产和人们正常生活带来了很大影响。目前来看，在全球能源需求总量逐年增加的背景下，由于可再生能源技术的极度不稳定，在极大规模的储能设施建立之前，基于现有的清洁能源体系，满足人类对于清洁可靠能源的需求、实现全球碳中和目标面临着巨大的挑战，亟须发展新型的、可作为基础负载电源的大规模清洁能源技术。

图1-1　大地之树（鄱阳湖）

空间太阳能电站作为服务于能源领域的航天重大装备系统，将成为人类利用空间能源的重要基础设施，有望为人类提供规模巨大、持续、稳定的清洁绿色电力，对于解决世界能源和环境问题具有重要价值，同时也将成为人类探索宇宙和空间物质资源开发的重要基础设施。空间太阳能电站得到国际上主要航天国家的关注，全世界在此领域的研究工作已经超过50年。2018年，在美国召开了空间太阳能电站50周年纪念会议（图1-2）。近年来，航天技术快速进步，特别是可重复使用运载技术大幅降低了空间运输成本，规模化的航天器研制模式极大地降低了航天器的制造成本，发展空间太阳能电站从技术和经济上正在逐渐变得具有重大的现实意义，空间太阳能电站正在重新得到美国、日本、ESA（欧洲航天局）、韩国、英国、澳大利亚等国家及有关国际组织和私营公司的广泛重视。美国正在启动新一轮的研发工作，日本将空间太阳能电站列为宇宙基本计划重点发展方向，ESA将空间太阳能电站列入航天发展规划，英国将发展空间太阳能电站纳入《国家空间战略》和零排放创新投资计划，韩国在国会的支持下启动相关研究工作。我国在空间太阳能电站领域也开展了长期的研究，已经成为推动国际空间太阳能电站发展的核心力量。空间太阳能电站正在迎来良好的发展机遇，有望成为未来应对全球气候变化碳中和清洁能源体系中的重要组成。根据花旗银行的研究报告，2040年空间太阳能电站的市场规模有望达到230亿美元。

图1-2　空间太阳能电站50周年纪念会议海报

1.2　全球气候变化与碳中和目标

1.2.1　温室效应及其影响

地球作为适合人类生存的星球，温度是最重要的因素之一，这是由相关的能量平衡决定的。地球的主要热量来源于太阳，太阳是一个稳定进行核聚变的恒星，温度大约为6000K，对应的黑体辐射光谱（AM0）如图1-3所示，主要包括三个区域：紫外区域，对应波长为300～400nm，能量占比为5%；可见光区域，对应波长为400～700nm，能量占比为43%；红外区域，对应波长为700～2500nm，能量占比为52%。太阳辐射经过约1.5亿公里的距离到达地球大气层外的辐射强度约为1360W/m^2。由于地球大气层中的水分子、二氧化碳、臭氧等会对特定谱段的能量进行吸收，太阳辐射强度也会相应降低，实际到达地面的太阳光谱（AM1.5）如图1-4所示。同时，地球主要通过红外热辐射的方式

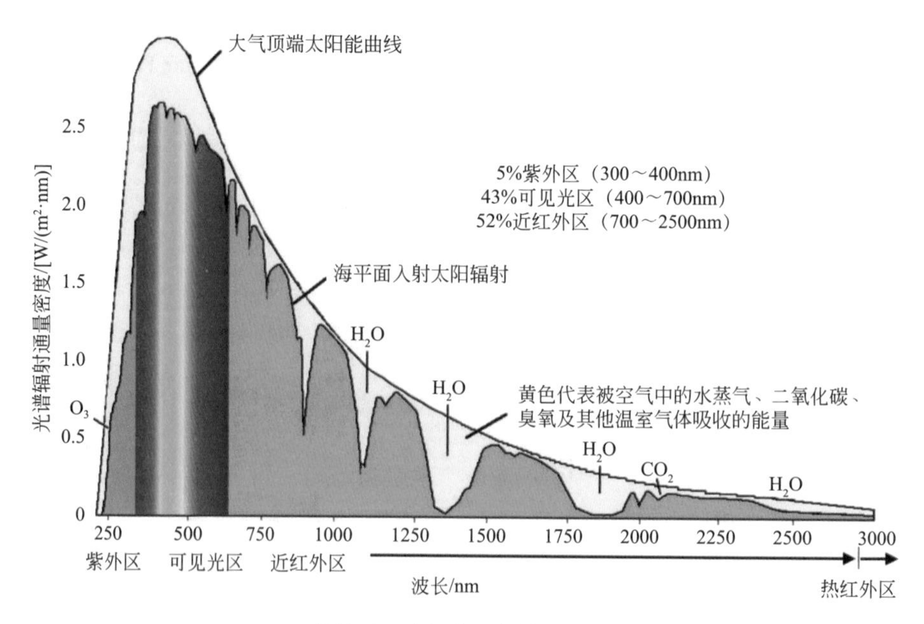

图1-3　空间太阳光谱分布图

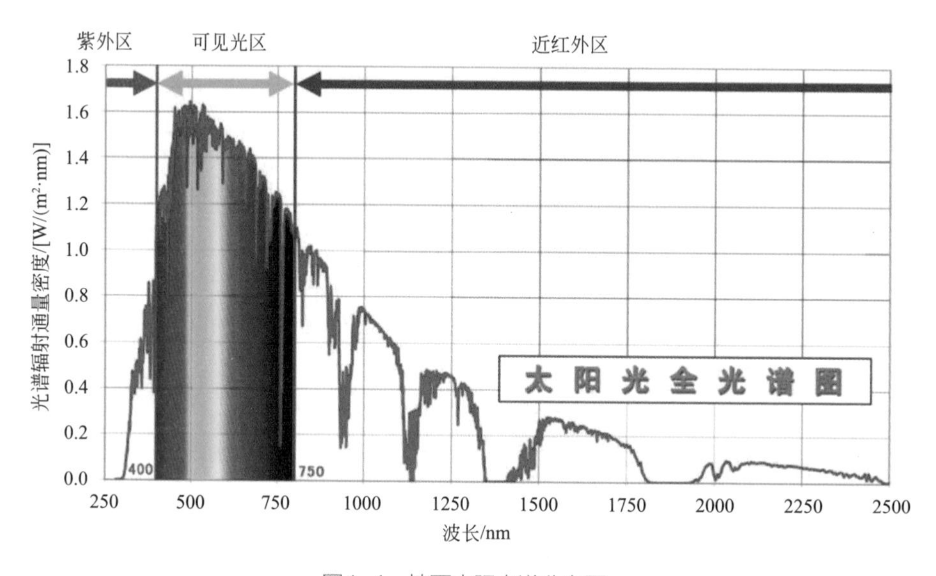

图1-4　地面太阳光谱分布图

向外太空进行热量的排散，如果没有地球大气，则地球表面吸收的太阳光与地球温度对应的向太空的热辐射总量将维持平衡，对应的地表温度约为–18℃。但地球的实际平均温度约为15℃，其主要原因在于地球大气所产生的温室效应。太阳光可以较好地穿过大气层照射地面，但是地面红外热辐射正好处于水分子、二氧化碳、甲烷等吸收最为严重的谱段，因此，地面的红外热辐射无法直接透过大气层与太空进行热交换，使得地表温度从无大气情况的–18℃升高到目前的15℃左右，大气的温室效应是地球成为宜居星球的重要因素。

地球的能量传输过程如图1-5和图1-6所示。太阳光的入射功率为340W/m^2（全球平均）。其中，云和大气反射22.6%，地表反射6.7%，大气吸收22.7%，地球实际吸收48%，对应164W/m^2。而地表的热辐射功率为398W/m^2，其中53W/m^{2}穿过大气层直接辐射到太空，同时，地面通过传导、对流和蒸发排散的热量约为110W/m^2。而大气由于温室效应向地面的热辐射功率为345W/m^2，同时，大气向空间的热辐射功率为186W/m^2。理论上，如果上述能量达到平衡，地球将维持温度不变，满足如下几个能量平衡：

入射太阳光=大气和云反射的太阳光+地表反射的太阳光+地球的红外辐射

地表吸收的太阳光+大气对地表的红外辐射=地表的红外辐射+地面通过传导、对流和蒸发排散的热量

大气吸收的太阳光+地表的红外辐射+地面通过传导、对流和蒸发排散的热量=大气对地表的红外辐射+大气对空间的红外辐射

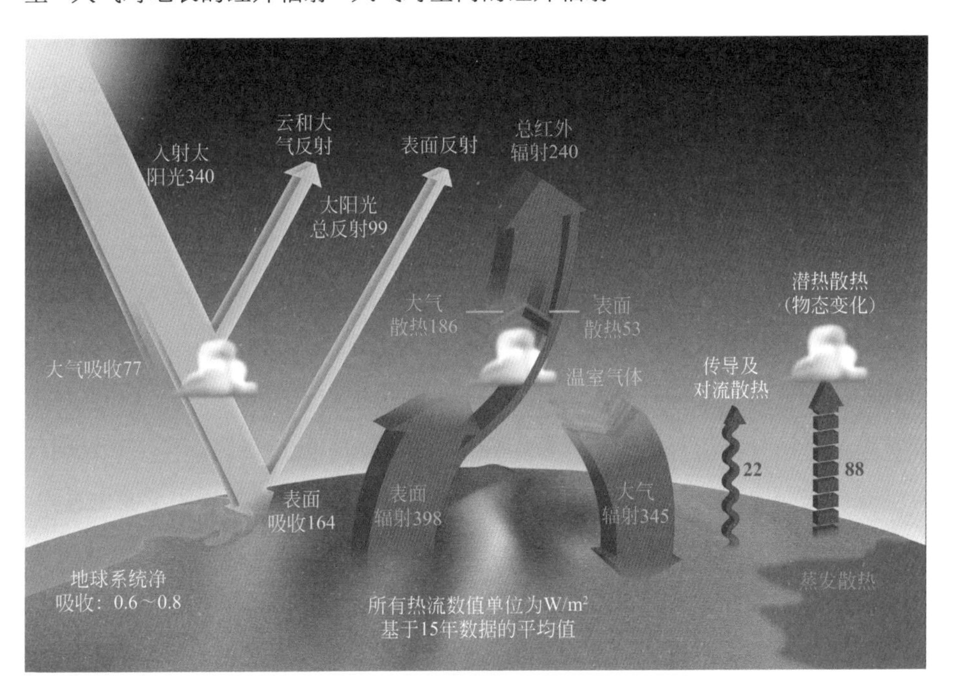

图1-5　地球能量传输过程（按功率）

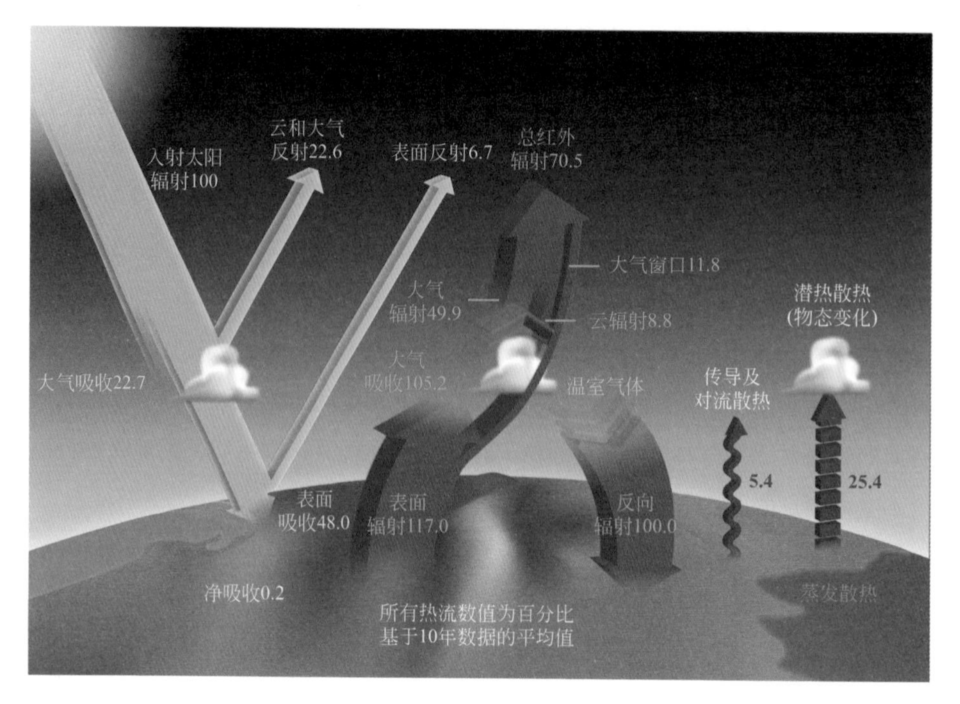

图1-6　地球能量传输过程（按比例）

但根据科学家长期监测的结果，实际上，地球处于能量净吸收状态，约为太阳辐射强度的0.2%，即0.6～0.8W/m^2。其主要原因被认为是二氧化碳等温室气体的增加所导致的温室效应增强。

1.2.2　联合国气候变化框架公约及全球碳中和目标

温室效应增强，造成地球表面的温度处于逐渐升高的状态，气候变暖对地球环境和生态会造成重要影响，直接结果是南、北极温度的较大幅度升高，引发冰川融化，从而造成海平面上升。同时，会极大地影响地球的大气环流、海洋洋流，产生异常的气候变化，极端天气大幅增加。通过研究，科学家发现气候变暖的主要原因很可能是自工业革命以来100多年间快速发展的工业化进程。能源是人类社会赖以生存和发展的主要物质基础，工业化进程使得人类的生产力得到大幅提升，但同时对于能源的消耗呈几何级数增长，特别是煤炭和石油等传统化石能源占据了极大的比例，排放了大量的二氧化碳等温室气体，同时人类对原始森林和植被的破坏也造成植物吸收二氧化碳的减少，最终造成大气中的二氧化碳浓度处于逐渐增加的趋势。联合国政府间气候变化专门委员会（Intergovernmental Panel on Climate Change，IPCC）第五次评估报告给出了近些年地表平均温度、海平面变化和大气中二氧化碳浓度的变化曲线（图1-7），可以看出它们之间具有明显的正相关性。按照这种趋势发展，气候变暖所带来的全球性气候与环境恶化将给全世界社会与经济的可持续发展带来巨大的威胁。

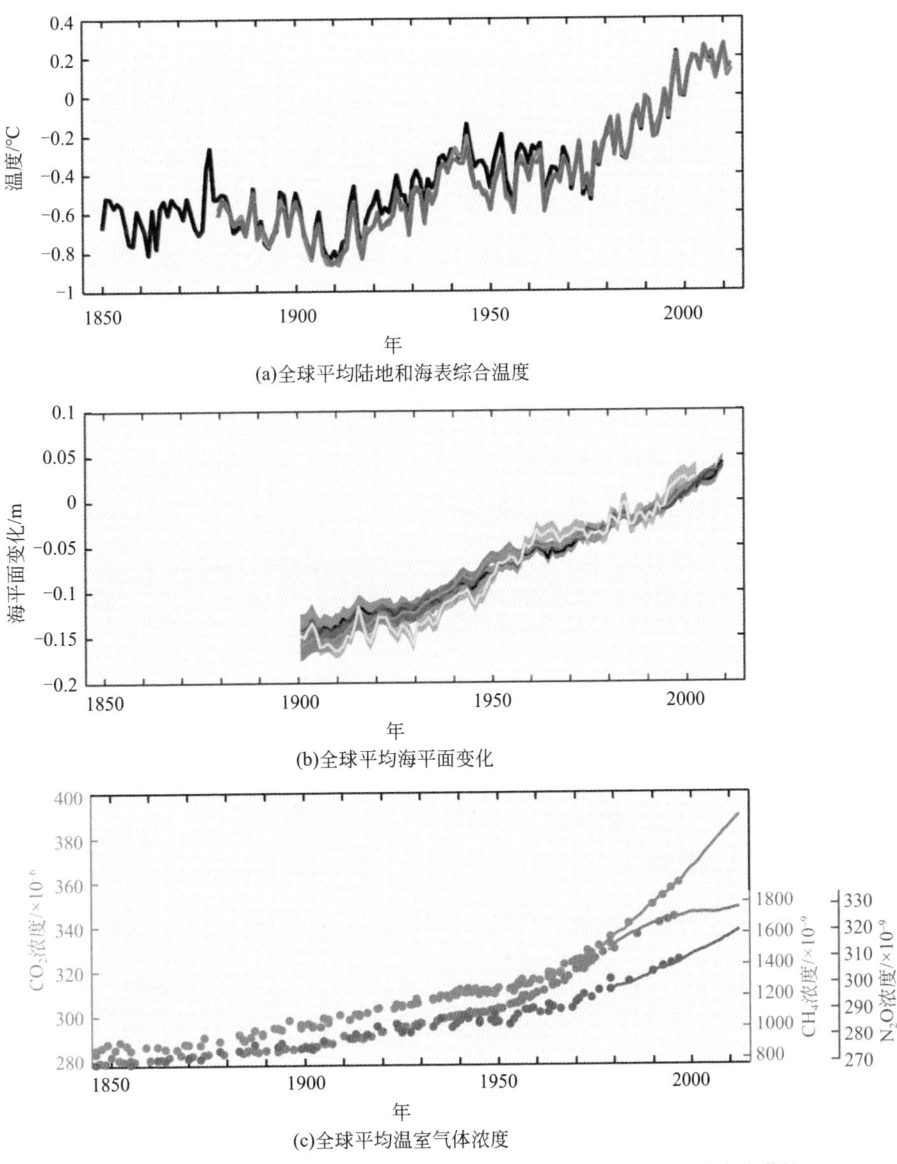

图1-7 地表平均温度、海平面变化和大气中二氧化碳浓度的变化曲线

为应对气候变化，联合国1992年5月9日通过了《联合国气候变化框架公约》（简称《公约》）（United Nations Framework Convention on Climate Change，UNFCCC），于1994年3月21日生效，终极目标是将大气温室气体浓度维持在防止气候系统受到危胁的一个稳定水平。《公约》是世界上第一个为全面控制二氧化碳等温室气体排放、应对全球气候变暖不利影响的国际公约。1997年，《公约》第三次缔约方会议通过《京都议定书》，旨在限制发达国家温室气体排放量以抑制全球变暖，于2005年2月16日正式生效。2015年12月12日，在第21届联合国气候变化大会上通过了具有历史意义的《巴黎协定》，于2016年11月4日正式生效，标志着人类向着可持续发展的目标迈出重要的一步。《巴黎协定》的长期目标是将全球平均气温较前工业化时期上升幅度控制在2℃以内，并努力将温度上升幅度限制在1.5℃以内，尽早实现全球净零排放成为全世界努力的目标（图1-8给出了IPCC对于不同场景下的全球温升预测）。2020年9月，在第75届联合国大会一般性辩论上中国郑重宣布：中国将提高国家自主贡献力度，采取更加有力的政策和措施，二氧化碳排放力争于2030年前达到峰值，努力争取2060年前实现碳中和。为了实现人类的减排措施，大力发展清洁能源、开发可再生能源，逐渐替代传统化石能源成为全球的共识。

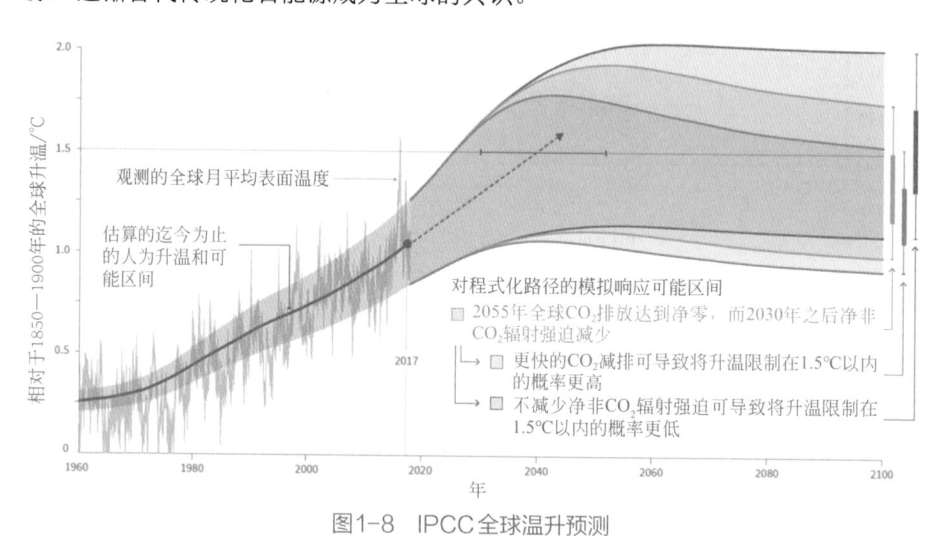

图1-8 IPCC全球温升预测

1.2.3 新能源发展现状

为了实现全球净零排放目标，将地球温度升高控制在1.5℃，国际能源署

（IEA）预测未来全球供电方式的变化趋势如图1-9所示。目前，化石能源发电占比接近60%，核电和水电约为30%，而太阳能和风能发电不到10%。到2050年，发电总量将增加一倍，其中，太阳能和风能发电占比需要增加到65%，核电和水电占比维持在30%，其他约5%。

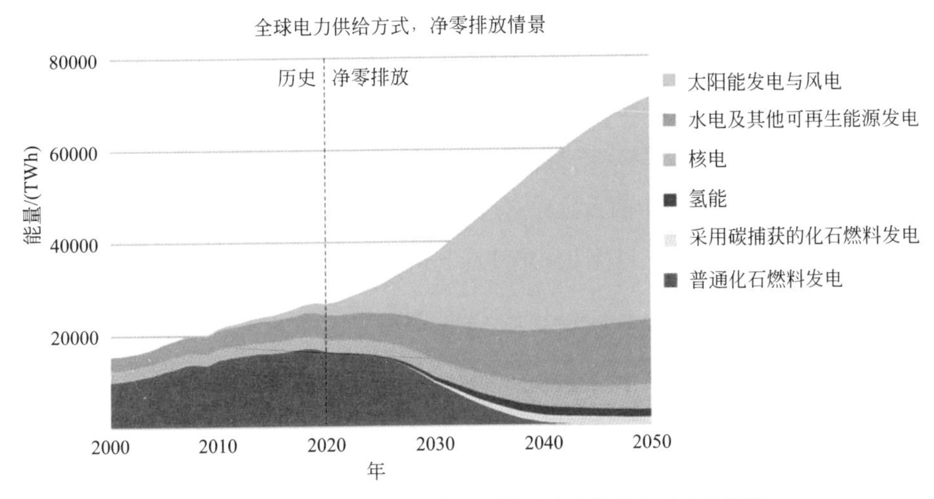

图1-9　国际能源署（IEA）预测未来全球供电方式变化趋势

从能源供应总量来看，对于净零排放情景，国际能源署（IEA）预测未来的变化趋势如图1-10所示。由于单位生产总值能耗减少，2050年的能源消耗总量会较2020年有所降低，但能源结构将发生很大变化。2020年，能源供应总量

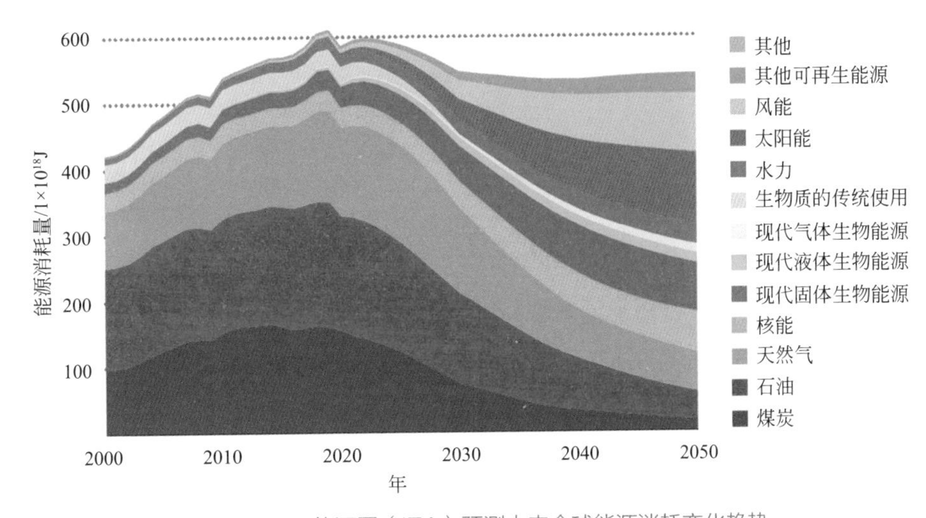

图1-10　国际能源署（IEA）预测未来全球能源消耗变化趋势

中石油占30%，煤炭占26%，天然气占23%，其他为核能、生物质能和水能。而到2050年，可再生能源将供应2/3的能源使用量，包括生物能、风能、太阳能、水电和地热等，而化石燃料用量在能源供应总量中的占比将从2020年的80%下降到2050年的20%。

我国是世界上可再生能源发展最快的国家，太阳能和风能发电装机容量均居世界第一。表1-1、图1-11、图1-12中给出了我国在2021年各种发电方式对应的装机容量、发电量及实际利用率估算值（假设按照全年全功率发电，实际发电量在其中的占比计算，未考虑新增装机的具体时间），可以看出，太阳能和风能发电在全部发电量中的占比依然很低，除了装机总量占比不高的原因以外，最重要的原因是太阳能和风能发电的实际利用率较低。

表1-1　中国不同发电方式装机容量、发电量及利用率（2021年）

项目	装机容量/亿千瓦	装机容量占比/%	发电量/亿千瓦时	发电量占比/%	利用率/%
火电	13	54.55	57702.7	71.13	50.67
水电	3.9	16.35	11840.2	14.6	34.65
核电	0.5326	2.23	4075.2	5.02	87.34
风电	3.3	13.87	5667	6.99	19.60
太阳能	3.1	13.0	1836.6	2.26	6.76

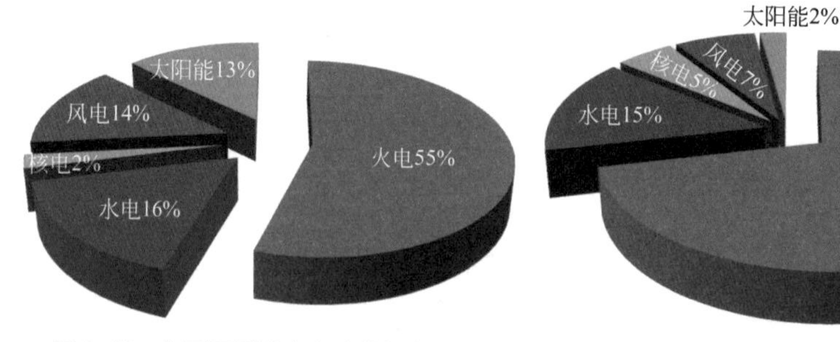

图1-11　中国不同发电方式装机容量比例　　图1-12　中国不同发电方式发电量比例

为满足可持续发展的能源需求，人类已经发展了大量的清洁能源开发技术，但是不稳定性使得目前清洁能源的大规模开发和利用存在很大困难。虽然人类将未来的希望寄托于大力发展地面太阳能和风能，但地面太阳能利用无法回避昼夜、天气、季节以及地区纬度等因素的影响，风能受天气、季节和地域的影响也非常大，完全依靠地面太阳能和风能取代传统化石能源为全世界提供持续稳定的基本负载能源供给还存在极大的挑战，这迫使人们改变思维，将解决全球变暖问题的方式从地面扩展到更广阔的太空。

1.3 利用空间技术解决全球变暖问题

1.3.1 全球变暖可能的航天解决方式

1957年10月4日，苏联成功发射世界上第一颗人造卫星斯普特尼克一号（Sputnik-1），标志着人类正式进入太空时代，也标志着人类探索和利用空间的开端。航天技术迅猛发展，从空间环境探测到太阳系各大行星探测，从空间站建设到载人登月，从遥感、通信到全球导航，已经建立起强大的地面和空间设施。标志性航天器如图1-13所示。

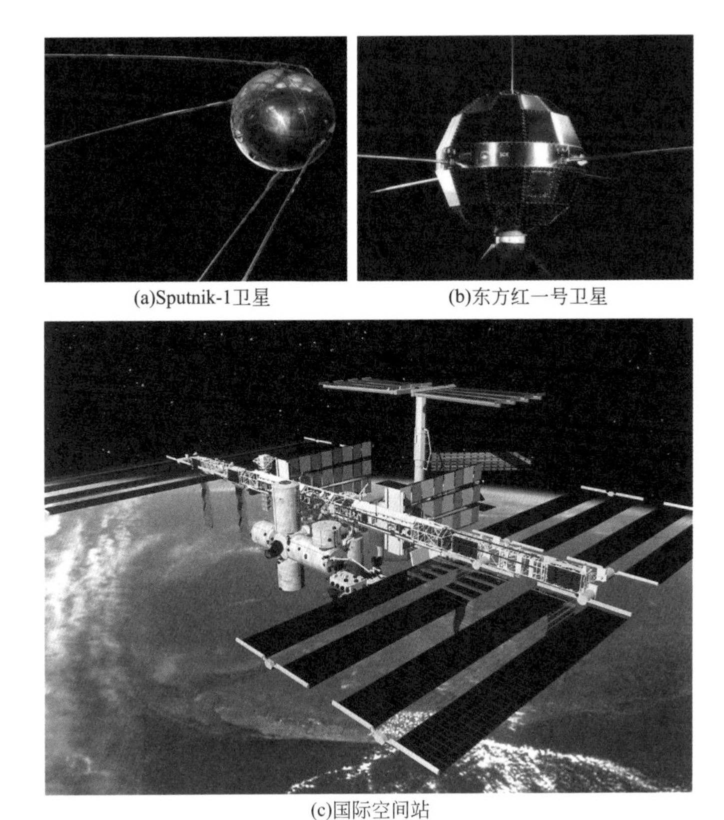

(a)Sputnik-1卫星　(b)东方红一号卫星

(c)国际空间站

图1-13　标志性航天器

作为尖端技术领域的航天技术能否对解决全球变暖问题提供有力的支持，需要从空间的特殊性进行分析。人类可以利用的空间资源主要可以分为轨道资源、环境资源、物质资源和能量资源。

① 轨道资源。轨道资源是人类航天活动利用最为广泛的资源，包括近地轨道、太阳同步轨道、地球静止轨道、大椭圆轨道，以及行星际轨道等，利用不同轨道的高度优势和特点，能够为全球提供全面的信息服务，已广泛地用于通信、导航、遥感、气象和科学探测等。

② 环境资源。环境资源包括太空广阔的空间以及特殊的真空、微重力、辐射和低温环境等，主要用于人类开展空间科学实验。国际空间站是目前最大的空间环境资源利用实验设施。

③ 物质资源。物质资源主要包括月球、行星、小行星等地外天体所包含的各种物质，随着空间技术的发展，人类未来有可能开展大规模的空间资源利用，为空间探索、空间开发和地球应用提供支持。

④ 能量资源。能量资源主要指太阳能，目前几乎所有的航天器都通过太阳电池提供持久的电力，大大增加了航天器的在轨寿命和服务能力。

从轨道资源利用方面来看，航天技术可以对解决全球变暖问题提供重要的信息支持。碳卫星就是一种专门服务于全球CO_2监测的卫星，通过被动或主动遥感方式在全球尺度上连续获取高精度CO_2浓度分布数据，为全球大气环境研究和治理、实现温室气体减排提供重要支持手段。2016年12月22日，中国首颗碳卫星（Tansat）成功发射（图1-14），成为国际上第三颗温室气体监测卫星。Tansat运行于700km太阳同步轨道，大气CO_2反演精度优于4×10^{-6}。为了实现这一指标，Tansat配置的主载荷是高光谱与高空间分辨率CO_2探测仪（图1-15），在可见光和近红外谱段，通过高光谱分辨率的分子吸收谱线实现高精度CO_2探测，其最高光谱分辨率达到0.04nm。2018年4月，Tansat获取的首幅全球二氧化碳分布图正式对外公布。

图1-14　碳卫星（Tansat）示意图

从环境资源方面来看，在外太空太阳光传播路径上反射或者发散部分太阳光，阻挡部分太阳辐射能量，就可以直接减小地球吸收的太阳能量，从而解决全球变暖问题，为此，科学家提出太空遮阳伞的概念。根据Tansat获取的二氧化碳分布图，地球净吸收能量约为地表吸收太阳辐射的0.4%，如果可以减小太阳辐射0.4%左右即可实现地球的能量平衡。因此，如果将超大面积的太空遮阳伞布置于空间直接遮挡太阳光，理论上是一种可能的解决方案。

图1-15 碳卫星（Tansat）主载荷

首先需要考虑太空遮阳伞布置的轨道。如果将太空遮阳伞布置在环地球的轨道，由于其相对于太阳的位置不断发生变化，无法持续遮挡阳光，因此需要在地球空间布置数量巨大的环绕地球运行的超大型太空遮阳伞，将给空间设施和正常的航天活动带来巨大威胁。科学家建议的一个比较合适的轨道是在日地连线上的一个特殊点——日地拉格朗日平动点L1点（图1-16）附近的轨道，这个点是太阳和地球之间的一个引力平衡点，距离地球约150万公里，正好处于太阳光传播路径上。假设太空遮阳伞运行在围绕L1点、轨道半长轴不超过地球半径的范围内，可以很好地阻挡太阳光，对应地球截面积0.4%的总面积是$5.1\times10^5km^2$。太空遮阳伞可以设计为超大尺寸的薄膜航天器（反射或散射太阳光），类似于太阳帆的概念（图1-17）。假设一个薄膜航天器为$1km^2$，采用超薄材料（如空间常用的聚酰亚胺膜），厚度为

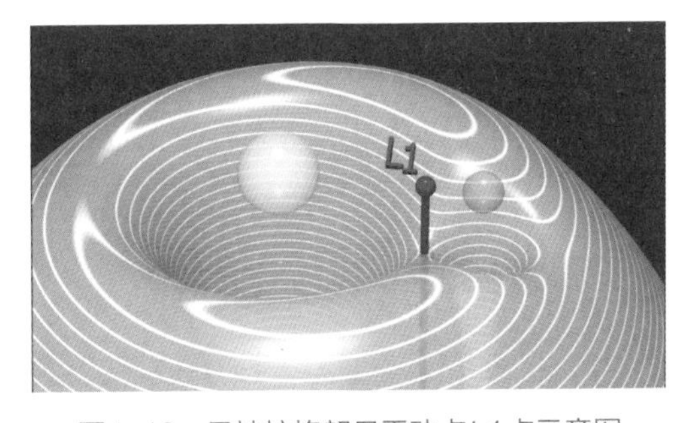

图1-16 日地拉格朗日平动点L1点示意图

图1-17 大型薄膜航天器（太阳帆）

5μm，对应的面密度约为$8g/m^2$，在暂不考虑展开结构、控制等辅助系统所需质量的情况下，一个太空遮阳伞的质量为8t，对应$5.1\times10^5km^2$的总质量为4.08×10^6t，是全球一年发射总量的数千倍，而发射进入日地L1点轨道所对应的实际运载能力要远小于发射到近地轨道的运载能力。而运行在半长轴为6370km的范围内是一个很大的约束，一般为了减小轨道维持的需求，运行于L1点的航天器会采用一种称为晕轨道的运行轨道，是一个围绕L1点的非标准大椭圆轨道，轨道半轴达到数十万公里，显然不能满足遮挡太阳光的需求。另外，太空遮阳伞面积巨大，将会受到很大的太阳光压的影响，为了抵消太阳光压的作用，太空遮阳伞需要进行长期的轨道控制，意味着将消耗大量的推进剂，也会造成发射质量的进一步大幅增加。因此，从目前的航天技术能力来看，采用太空遮阳伞的方案还不具备可行性。

从物质资源利用方面来看，随着航天技术的发展，人类将有可能对地外天体开展大规模的资源开发，如能将地外的重要能量资源进行提取并运回地球加以利用，将对解决全球能源问题提供直接的物质支持。目前，所关注的最重要的地外能量资源就是月球上富含的氦-3，它是可控核聚变的重要燃料。国际热核聚变实验堆（ITER，图1-18）是由欧盟、中国、美国、俄罗斯、日本、韩国和印度共同投资建设的重大科学工程，目标是建造能产生大规模核聚变反应的超导托克马克装置，产生50万千瓦聚变功率并持续达500s，总投资将超百亿美元。目前的核聚变主要采用氘和氚，氘在海水中储量极为丰富，氚可在反应堆中再生，但是这种反应会产生中子，安全性较差。而氦-3与氦-3的核聚变完全不产生中子，具有极好的安全性。地球附近的氦-3主要来源于太阳核聚变，通过太阳风来到地球空间。由于地球磁场和大气的作用，地球上的氦-3储量极少。而月球表面在40亿年时间

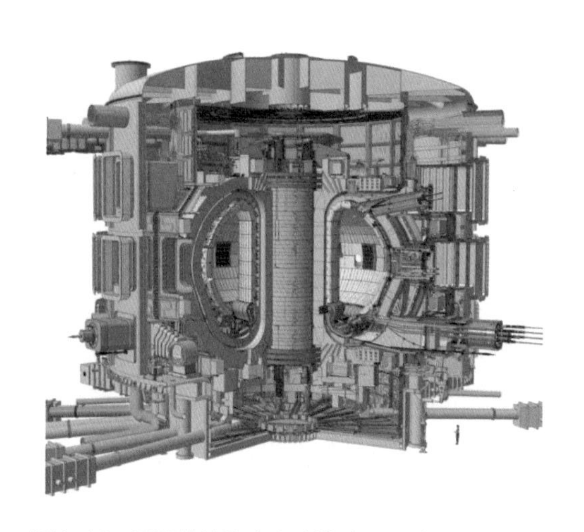

图1-18　国际热核聚变实验堆（ITER）装置示意图

不断吸收太阳风粒子，氦-3储量估计高达100万t，因此提取氦-3成为未来月球资源利用的重要目标。目前来看，可控核聚变的商业化实现存在很大的不确定性，月球氦-3资源的开发利用也是非常长远的计划，在较长时间内还无法对解决全球变暖问题提供支持。

从能量资源利用方面来看，利用太阳电池发电已经在航天器上得到广泛的应用，由于空间太阳能资源丰富稳定，如果能够将能量稳定高效地传输到地面，将为地球提供一种丰富的、稳定的清洁能源。这将是本书介绍的重点，即空间太阳能电站。

1.3.2 空间太阳能电站的概念

空间太阳能电站（SPS—Solar Power Satellite，SSP—Space Solar Power，SSPS—Space Solar Power System，SBSP—Space Based Solar Power），也被称为太阳能发电卫星、太空发电站，是指在空间将太阳能转化为电能，再通过无线方式将能量传输到地面供地面使用的电力系统。空间太阳能电站的构想是由美国的彼得·格拉赛（Peter Glaser）博士（图1-19）于1968年首先提出的，将发电卫星部署在地球静止轨道（GEO），利用直径约6km的太阳电池阵接收太阳光并转化为电力，之后利用低温超导电力传输系统将电力传输到直径约2km的微波发射天线，通过发射天线向地面直径约3km的接收天线进行连续的能量传输。彼得·格拉赛为之申请了专利（图1-20），并在Science期刊上发表了论文。

图1-19　空间太阳能电站构想提出者Peter Glaser

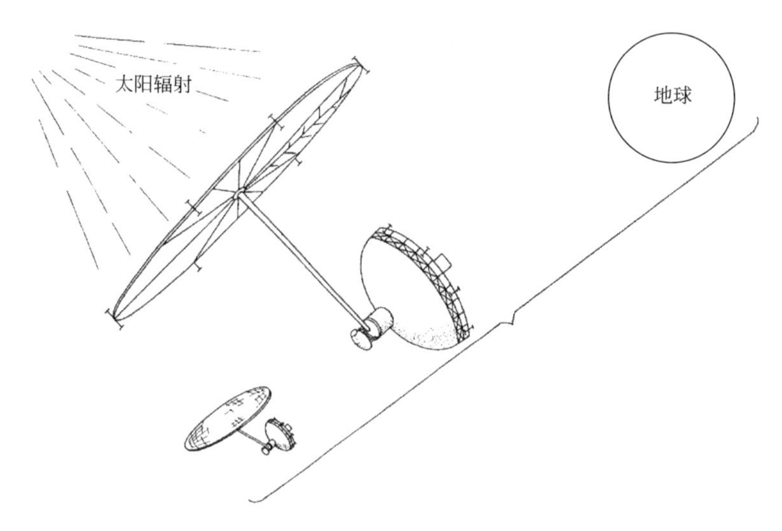

图1-20　空间太阳能电站专利示意图

空间太阳能电站主要由三大部分组成：太阳能发电装置、能量转化和发射装置，以及地面能量接收和转化装置（图1-21）。太阳能发电装置将太阳能转化成电能；能量转化和发射装置将电能转化成微波或激光形式（激光也可以直接通过太阳能转化），并利用微波天线或光学系统向地面发送波束；地面能量接收

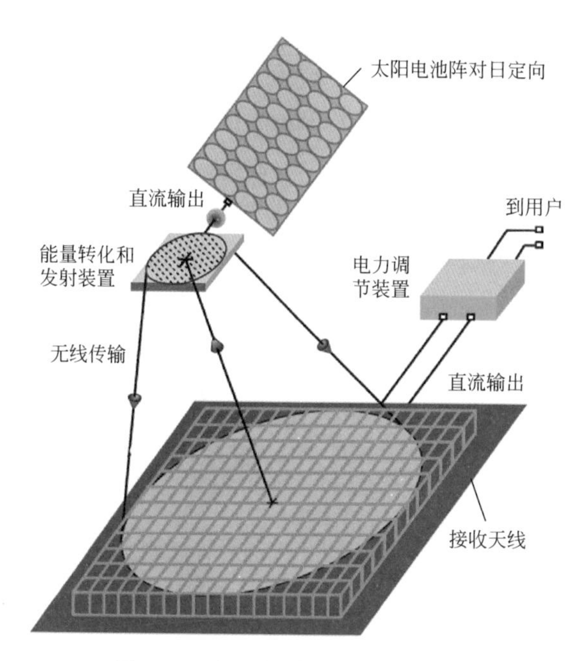

图1-21　空间太阳能电站工作示意图

系统利用接收天线或者电池阵接收空间发射的波束，通过能量转化装置将其转化成电能供地面使用。整个过程经历了太阳能-电能-微波（激光）-电能，或太阳能-激光-电能的能量转变过程。

1.3.3 空间太阳能电站的特点

与地面上利用太阳能相比，在太空利用太阳能具有十分突出的优点。空间太阳能资源丰富，太阳辐射能量稳定，不会因大气衰减，也不受季节、昼夜变化的影响；对于地球静止轨道，一年内几乎可以连续接收太阳光，太阳光的利用率超过99%，同时可以直接对地面进行能量传输，无须巨大的储能设施即可提供稳定的大规模清洁能源。空间太阳能电站成为解决未来能源和环境问题的一种重要方式。

（1）空间太阳能资源丰富

空间太阳辐射强度高于地面太阳辐射强度，且由于太空对应的太阳能利用空间远超过地面，因此，在太空可利用的太阳能资源远远超过地面太阳能资源。图1-22表示了位于地球静止轨道的1km宽的圆环带在一年时间内所接收到太阳能总量达到212TW，几乎相当于地球已知所有石油储量的总和。

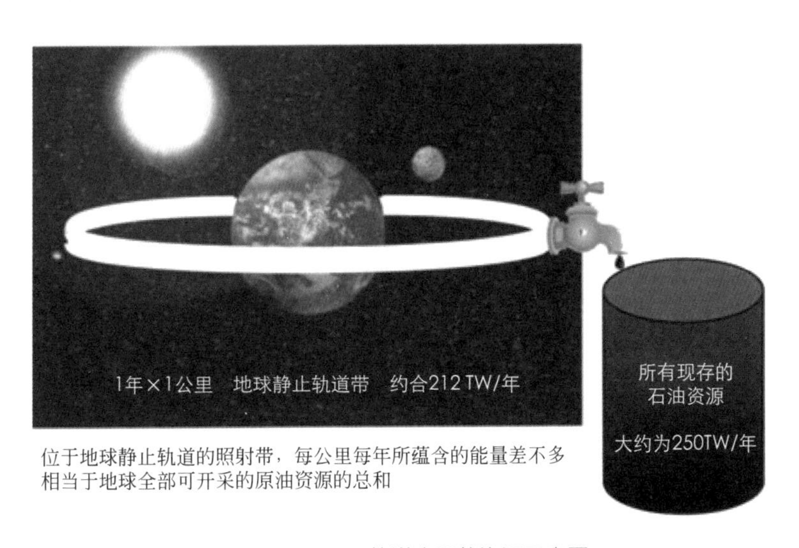

图1-22　GEO轨道太阳能资源示意图

但在实际应用中，考虑到空间太阳能电站的轨道漂移和控制能力，不可能无缝隙地在地球静止轨道连续布设空间太阳能电站。假设电站所允许的漂移范围为±0.1°，即对应0.2°（146.5km）布置一个，全球可部署数量为1800个，对于单个电站功率为1GW的情况，总的发电功率可以达到18亿kW。在此基础上，可以采用如下方式提高发电能力：

① 提高单个空间太阳能电站的功率；

② 提高轨道控制能力，减小空间太阳能电站的漂移范围；

③ 采用其他可用于比较稳定的能量传输的轨道，如倾斜的地球同步轨道。

（2）空间太阳辐射强度稳定

空间为真空环境，空间太阳辐射强度维持常数，约为1360W/m²。而地面太阳光受到昼夜的影响，太阳辐射强度变化极大，每天都将经历从零到最大辐射强度的波动（极区除外），典型的空间和地面太阳辐射强度如图1-23所示。同时，地面太阳光受到季节、天气、纬度等的综合影响，每天的太阳辐射量变化也很大，总体的平均太阳辐射强度较低。以我国地面太阳辐射强度为例（表1-2），对于不同的光照区域，对应的太阳年总辐射量范围为1050～1750kWh/m²，平均辐射强度为120～200W/m²，即空间是地面平均太阳辐射强度的7～11倍。

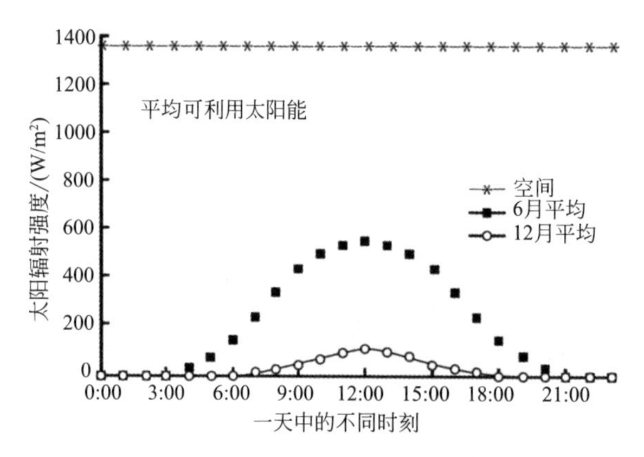

图1-23　典型的空间和地面太阳辐射强度

表1-2　我国地面太阳辐射强度区域分级

等级	资源带号	年总辐射量/（MJ/m²）	年总辐射量/（kWh/m²）	平均日辐射量/（kWh/m²）	空间与地面比值
最丰富带	I	≥6300	≥1750	≥4.8	≤6.83
很丰富带	II	5040～6300	1400～1750	3.8～4.8	6.83～8.63
较丰富带	III	3780～5040	1050～1400	2.9～3.8	8.63～11.3
一般	IV	<3780	<1050	<2.9	>11.3

（3）无须配置大型储能设施

地面太阳能电站作为主供电系统的难点在于受昼夜、天气、季节等的影响非常大，功率波动剧烈，特别是在黑夜和阴雨天无法提供电力，如果没有其他比较稳定的大型供电系统的支持，必须配备规模巨大的储能设施才能提供稳定的电力供给，且应当以比较恶劣的条件进行配置，储能技术的发展成为制约地面太阳能电站作为主供电系统大规模应用的核心问题。图1-24给出了综合考虑昼夜、季节、连续5天阴雨天以及储能效率等各种因素以后，在配置储能设施实现稳定供电的情况下，所需的地面太阳能电站电池的面积将达到空间的43倍（不考虑能量传输效率）。而空间太阳能电站运行在地球静止轨道，只有在每年的春分和秋分附近的6周会出现每天最多72分钟的地球阴影期，其他时间均可实现连续的稳定光照。如果空间太阳能电站能够实现太阳电池阵对日定向以及能量传输装置对地定向，就几乎可以实现全年365天、每天24小时连续发电，不需要在空间或地面建立巨大的储能设施，适合于作为主供电系统。

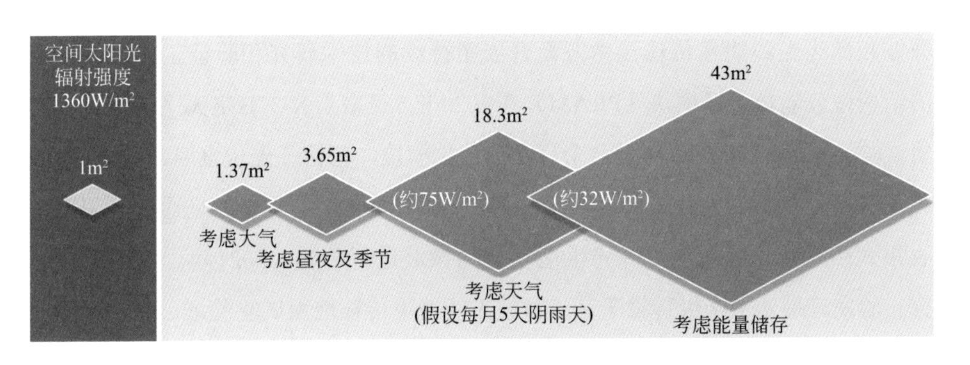

图1-24　考虑多种因素下的地面太阳能电站电池面积需求

然而，空间太阳能电站规模巨大，建设难度极高，是目前人类构想的最宏大的空间超级工程之一，目前的空间技术水平还无法支撑空间太阳能电站的建设，技术可行性是制约空间太阳能电站发展的关键要素。另外，如果按照目前的航天器研制、发射和运行成本进行分析，空间太阳能电站的发电成本将会极高，经济可行性是制约商业化空间太阳能电站发展的另一个关键要素。采用新技术、新方案、新的航天研制模式，从整体上减小空间太阳能电站的成本对于未来的大规模商业应用至关重要。同时，空间太阳能电站实际研制、建造、运行过程中的安全性也是公众非常关心的问题，长期的大功率能量传输对环境的可能影响以及对其他已有设施的安全性影响均需要充分研究。

1.4 国际空间太阳能电站发展概况

1.4.1 美国

美国是在空间太阳能电站领域研究最早、投入最大的国家。近年来，以美国加州理工大学（CalTech）、美国海军研究实验室（NRL）、美国空军研究实验室（AFRL）等为主的部门逐步加大了在此领域的研发力度，启动了新一轮的大规模研究工作。

2013年，加州理工大学获得私人资本的上亿美元资助，在新型空间太阳能电站结构、高效发电和无线能量传输等方面开展研究；2015年，获得诺斯罗普•格鲁曼公司1750万美元研发项目，提出“微波蠕虫”（Microwave Swarm）空间太阳能电站概念，于2023年初开展关键技术空间验证。美国海军研究实验室在微波和激光无线能量传输技术方面开展了持续的技术研究和验证工作，其三明治结构微波能量传输模块（PRAM）在2020年5月搭乘X-37B空天飞机进行了在轨试验（图1-25）。PRAM是一个三明治结构模块，包括了光伏电池、直流-射频转化装置以及发射天线三部分，尺寸为30cm×30cm，主要功能是通过太阳电池收集太阳光转化为电能，并将电能转化为微波进行传输。2021年，美国海军研究实验室开展了千米级传输千瓦级微波无线能量传输地面试验验证。

图1-25 搭乘X-37B空天飞机的PRAM试验件

2019年11月，美国空军研究实验室与诺斯罗普•格鲁曼公司签订1亿美元研发合同，启动空间太阳能电站递增验证与研究（SSPIDR）计划（图1-26），其主要目的是开发极轻型、极薄、柔性、可高效封装、在轨展开的超大尺度太阳

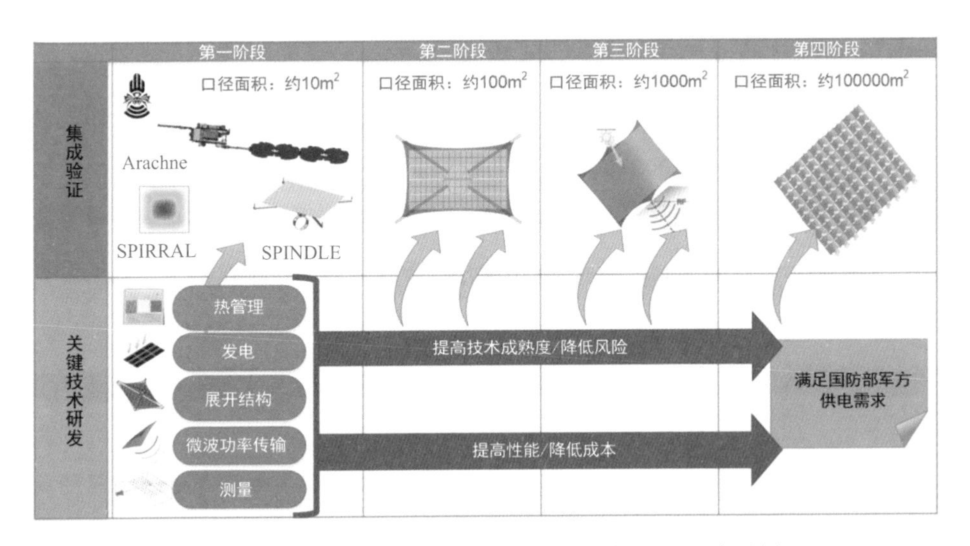

图1-26　空间太阳能电站递增验证与研究（SSPIDR）计划

光-微波转化单元，验证向地面进行快速低成本供电的技术可行性。SSPIDR计划包括四个验证阶段：第一阶段，原理性部件原型验证，为$10m^2$尺寸量级；第二阶段，缩比集成原型验证，为$100m^2$尺寸量级；第三阶段，全尺寸空间太阳能电站航天器原型验证，为$1000m^2$尺寸量级；第四阶段，完成运行星座，实现$100000m^2$尺寸空间太阳能电站。第一阶段包括三个验证项目：Arachne、SPINDLE、SPIRRAL。Arachne将验证空间向地面进行能量传输的大口径、高密度封装的低成本模块，同时开展表面形状测量以优化波束形成（图1-27）。SPINDLE将进行缩比系统的在轨结构展开试验，主要测试展开动力学和展开结构力学特性。SPIRRAL主要测试保证系统高性能工作的热控方法。同时，由NRL负责开发极低功率密度（1～$1000mW/m^2$）的接收整流技术。

图1-27　Arachne验证任务示意图

1.4.2 中国

从“十一五”开始，我国持续开展了空间太阳能电站领域的研究工作，重点在系统总体方案和大型空间太阳能收集与转化、微波无线能量传输、激光无线能量传输等关键技术方面开展研究。2014年，中国空间技术研究院提出了新型的多旋转关节空间太阳能电站（MR-SPS）方案，西安电子科技大学提出了聚光型的SSPS-OMEGA空间太阳能电站新型方案，成为国际代表性方案。2014年，国家国防科技工业局联合国家发改委、科技部、工业和信息化部、教育部、中国科学院、国家自然科学基金委等部委，组织开展空间太阳能电站发展规划及关键技术体系论证工作，提出我国空间太阳能电站发展规划与实施路线图建议（图1-28）。我国空间太阳能电站分阶段发展总体上分为中期和远期两大步骤，中期又按照5年为一个阶段进一步分为三个阶段。

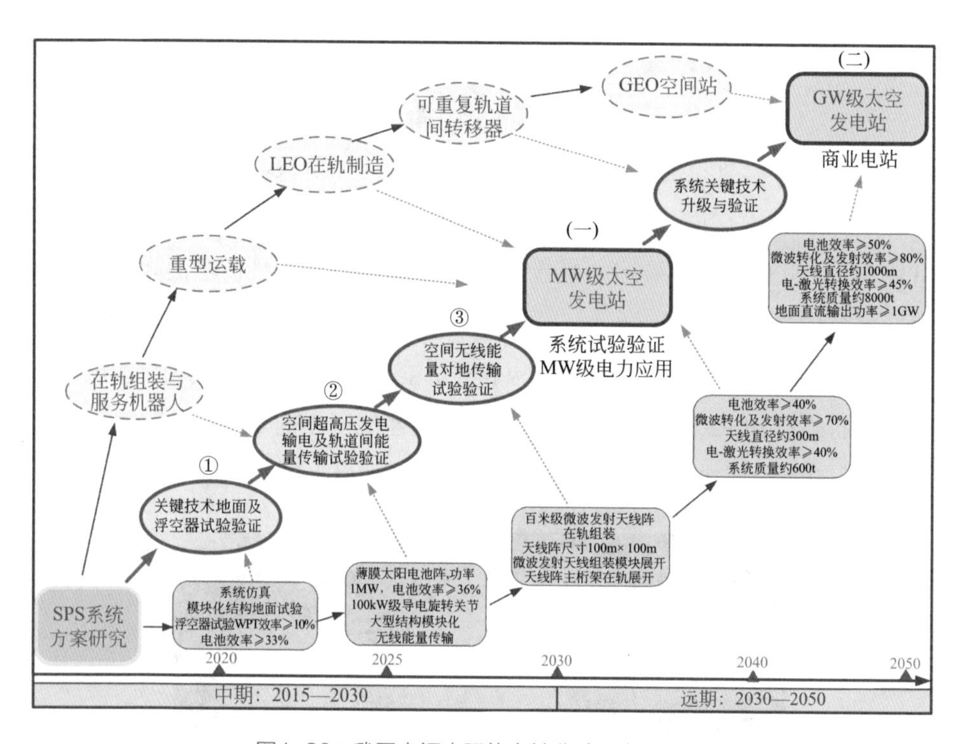

图1-28　我国空间太阳能电站分阶段发展建议

（1）中期目标

2030年，启动建设MW级空间太阳能电站试验电站，满足安全可靠、模块化可扩展性等要求，实现应急供电模式试验验证和科学实验研究。

（2）远期目标

2050年，具备建设GW级商业空间太阳能电站的能力，为我国提供充足的可再生清洁能源，满足国家可持续发展对能源保障的战略需求。

图1-29　重庆空间太阳能电站实验基地

2018年12月6日，重庆璧山区空间太阳能电站实验基地启动建设，项目占地约200亩（约13.33公顷），投资1亿元，主要面向无线能量传输、高压大功率电力系统、能量传输与环境影响等方面开展长期的试验研究，支持开展大规模空间太阳能电站系统研究（图1-29）。2018年12月23日，“逐日工程”在西安电子科技大学启动，该项目基于SSPS-OMEGA电站方案，建设全系统、全链路空间太阳能电站地面验证中心，在地面开展空间太阳能电站全系统的技术验证（图1-30）。

图1-30　西安电子科技大学空间太阳能电站地面验证中心

1.4.3　日本

日本从20世纪80年代开始就启动了在空间太阳能电站领域的研究工作，2009年将发展空间太阳能电站正式列入宇宙基本计划。在经济产业省和文部科学省的支持下，日本宇宙航空研究开发机构（JAXA）和日本宇宙系统开发利用机构（Japan Space Systems）联合众多公司和大学在无线能量传输技术和试验方面开展了长期的研究工作。2015年，日本成功开展了标志性的地面千瓦级高精度微波无线能量传输试验，并于2019年成功验证了无人机微波无线能量供电技术。根据日本2017年更新的发展路线图（图1-31），在2023—2025年开展千米级垂直方向的无线能量传输（WPT）技术验证；2030年，开展低轨到地面的WPT技术验证；2035年，开展GEO到地面的WPT技术验证；2040年，开展GEO电站基本模块的技术验证。2021年，日本在修订后的宇宙基本计划中提出在2025年前开展名为DELIGHT的低轨验证任务（图1-32），主要验证平面天线的展开特性，并且进行地天间的能量传输验证。

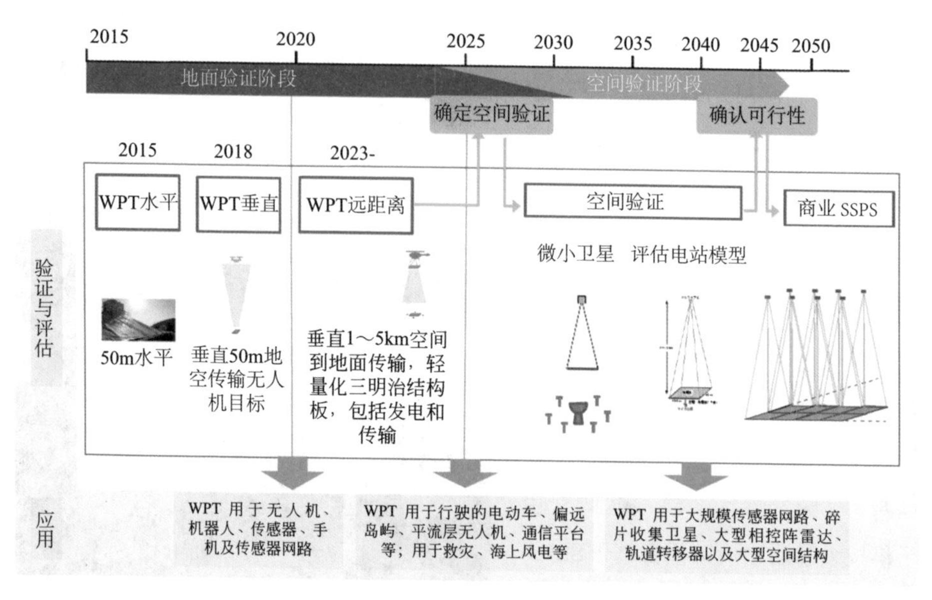

图1-31　日本2017年更新的空间太阳能电站发展路线图

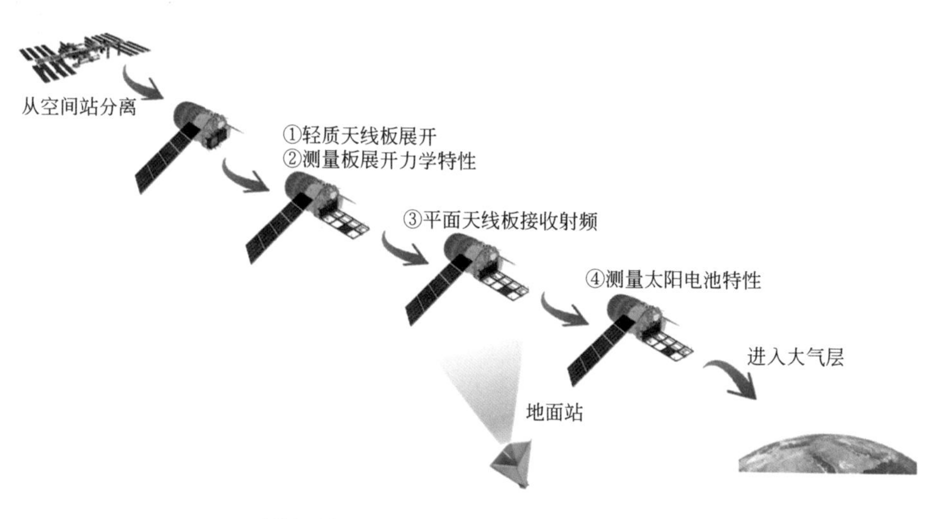

图1-32　DELIGHT低轨验证任务示意图

1.4.4 欧洲航天局

2021年3月，欧洲航天局（简称欧空局或ESA）正式发布《ESA AGENDA 2025》，确定了ESA 2025年前五大优先发展方向，其中第二个优先发展方向为推动绿色与数字商业化，明确提出空间技术将支持欧洲的循环经济、碳中和与能源转型，对于潜在的空间太阳能发电将开展进一步的研究。2021年，ESA重新启动空间太阳能电站的研究工作，在8个方向支持开展13个项目研究（图1-33）。2022年初，ESA委托英国的Frazer Nash和德国的Roland Berger两家咨询公司进行经济性独立评估，8月正式发布评估报告。2023年1月，ESA正式启动名

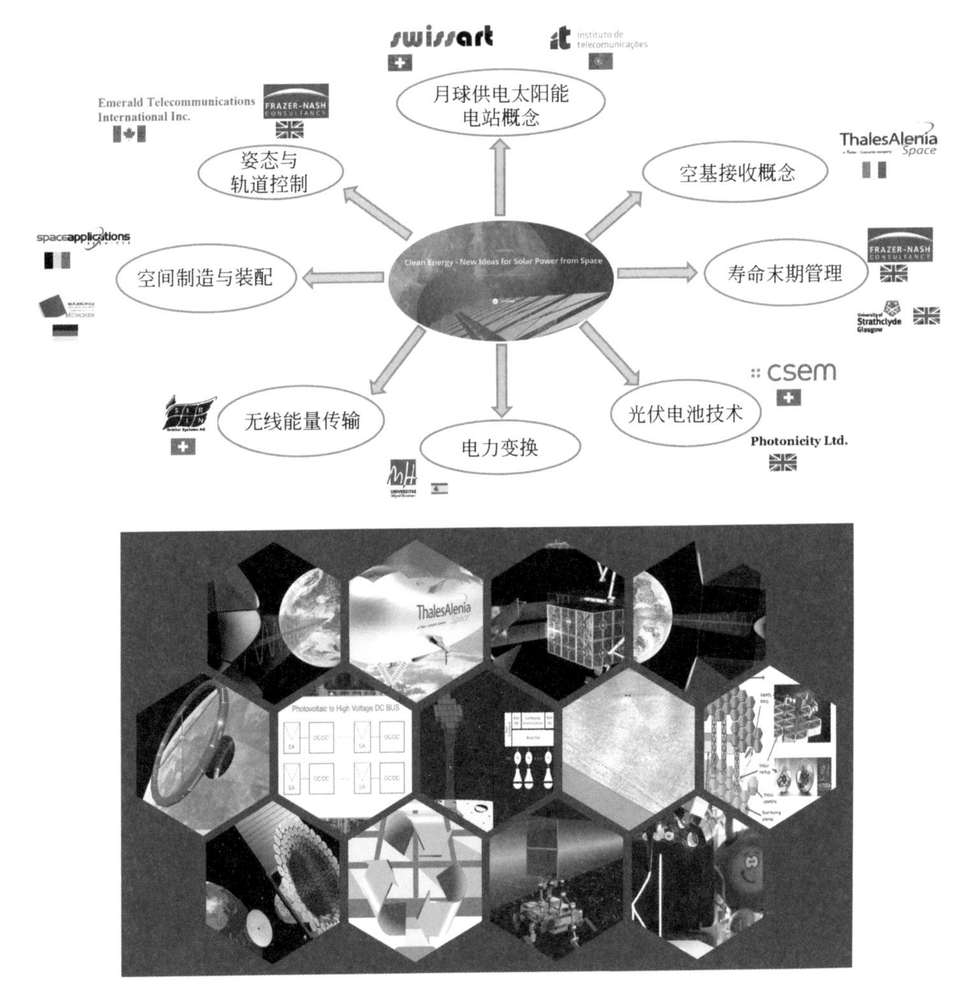

图1-33　欧空局支持开展的空间太阳能电站研究项目

为SOLARIS的空间太阳能电站预先发展计划，2023—2025年支持6000万欧元，主要研究方向见图1-34，后续可能的发展路线见图1-35，计划在2035年前应当完成1～100MW级示范电站建设，2040年前实现商业化空间太阳能电站运行，支持欧洲2050年零碳排放目标的实现。

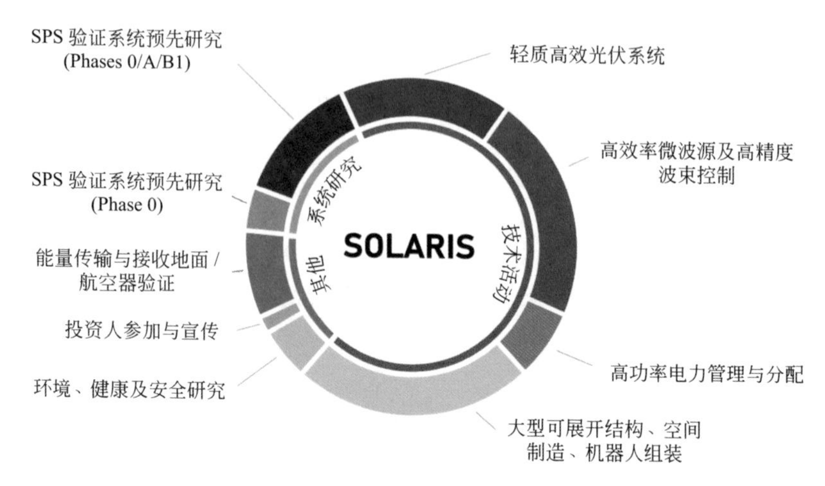

图1-34　欧空局SOLARIS计划主要研究方向

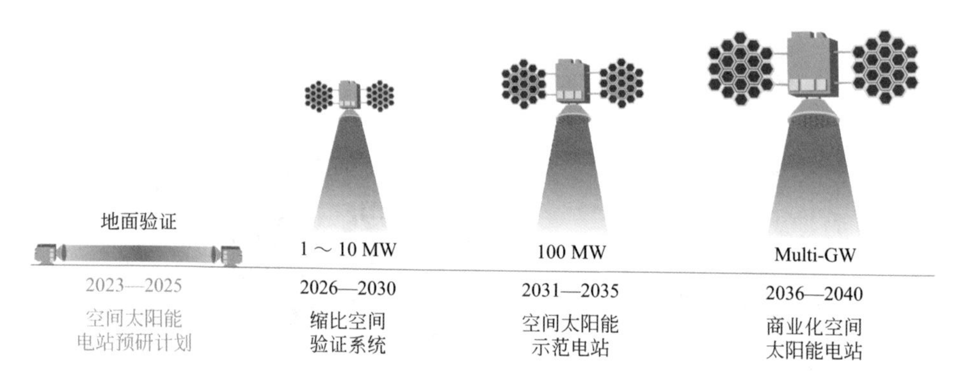

图1-35　欧空局可能的空间太阳能电站发展建议

1.4.5　其他国家

韩国2016年组建了韩国空间太阳能研究协会，面向服务于未来的净零排放目标，推动空间太阳能电站的发展。2018年正式启动了空间太阳能电站研究项目，由韩国宇航研究院（KARI）和韩国电力研究院（KERI）负责，提出韩国发展空间太阳能电站计划，重点开展系统总体、结构、高压电力传输和微波无线能量传输技术研究。计划2023—2026年开展卫星间无线能量传输技术地面试验，2027—2029年发射两颗小卫星进行空间无线能量传输技术验证。韩国空间太阳能电站2020—2029年发展计划如表1-3所示。

表1-3 韩国空间太阳能电站2020—2029年发展计划

阶段	发展内容
第一阶段（2020—2022）	研发卷绕式电池阵和展开天线技术； 研发高压、高功率电力管理系统； 研发无线能量传输系统； 研发高压、高功率电力系统与无线能量传输系统的接口
第二阶段（2023—2026）	开展用于小卫星间无线能量传输验证的技术地面试验； 研制小卫星或纳卫星，进行环境测试
第三阶段（2027—2029）	发射两颗小卫星进行空间无线能量传输技术验证，测量传输效率

2020年，英国贸易能源与工业战略部委托Frazer Nash咨询公司对空间太阳能电站的发展前景进行评估，2021年9月，正式发布《空间太阳能电站——消除通向零排放之路的风险》报告，提出空间太阳能电站，为英国提供了实现零排放的新选择，并提出发展路线图建议（图1-36）。建议2022—2026年主要开展地面验证及气球试验，2027—2031年开展近地轨道40MW SPS验证，2032—2035年开展地球静止轨道500MW SPS验证，2036—2039年构建地球静止轨道2GW SPS原型系统，2040—2042年将建造多个电站为英国提供15%的能源。2021年9月，英国航天局正式发布《国家太空战略》，提出应当发展空间太阳能电站，为英国提供一种潜在的零排放能源。同时，英国贸易能源与工业战略部将空间太阳能电站列入英国的零排放创新投资计划，初期投资300万英镑。2022年3月，英国正式启动空间能源倡议（The Space Energy Initiative），包括几十家相关的航天、能源领域的企业、研究单位和大学等（图1-37），共同推动英国空间太阳能电站的发展。

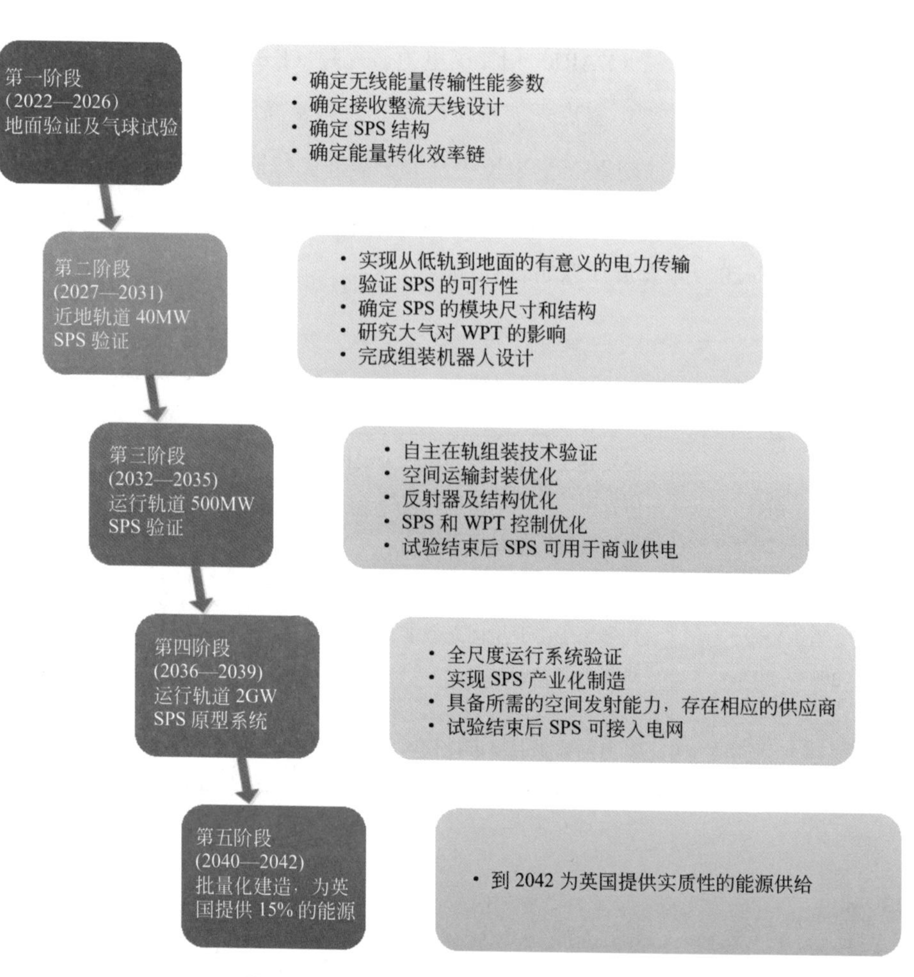

图1-36　英国空间太阳能电站发展路线图

图1-37　英国空间能源倡议及参加组织

第2章

空间太阳能电站设计基础

2.1 运行轨道特性

空间太阳能电站的运行轨道，对于电站的运行、电站的规模以及地面能量接收影响非常大，需要重点考虑的因素包括太阳电池阵的光照情况、运行轨道高度以及电站与地面接收站之间的相对位置。太阳电池阵的光照情况决定了空间太阳能电站是否能够连续发电；轨道高度决定了无线能量传输的距离，直接影响发射天线和接收天线的尺寸，也影响发射的代价；空间太阳能电站与地面接收站之间的相对位置决定了无线能量传输的连续性以及波束扫描角度范围。

目前，主要考虑的空间太阳能电站运行轨道包括近地赤道轨道、近地倾斜轨道、太阳同步轨道（图2-1）、地球静止轨道、地球同步轨道（图2-2）、日地L1点轨道以及月球轨道等。

图2-1　近地赤道轨道、近地倾斜轨道、太阳同步轨道示意图

图2-2 地球同步轨道、地球静止轨道示意图

（1）**近地赤道轨道**（Low Earth Equation Orbit，LEEO）

近地赤道轨道是指轨道倾角为0°的位于赤道上方的轨道高度在200～1000km的圆形轨道。近地赤道轨道的主要优点包括：轨道高度较低，运输成本低，便于进行在轨组装和维护；无线能量传输距离较近，发射天线和接收天线面积较小；仅需在赤道附近布置地面接收站。近地赤道轨道的缺点包括：轨道周期内要经历较长的阴影期，在阴影期无法实现能量传输；电站与接收天线之间的相对位置不断变化，经过接收站的时间短，如需保证持续的供电，则需要在轨道上布置多个电站组成星座以及在赤道布置多个接收站；受波束扫描角度限制，接收站只能位于赤道附近。该轨道适合于赤道附近区域的供电，也适合于关键技术验证和小型系统级电站验证。

（2）**近地倾斜轨道**（Low Earth Orbit，LEO）

近地倾斜轨道是指轨道倾角不为0°的轨道高度在200～1000km的圆形轨道。近地倾斜轨道的主要优点包括：轨道高度较低，运输成本低，便于进行在轨组装和维护；无线能量传输距离较近，发射天线和接收天线面积较小；可以在更大的范围内布置地面接收站。近地倾斜轨道的缺点包括：轨道周期内要经历较长的阴影期，在阴影期无法实现能量传输；电站与接收天线之间的相对位置不断变化，经过接收站的时间短，如需保证持续的供电，则需要在多个轨道上布置多个电站组成星座以及在地面部分区域布置多个接收站，并需要较大的波束扫描角度；太阳电池阵需要二维转动以实现对日定向和发射天线的对地定向。该轨道适合建立全球的空间太阳能电站星座，为全球进行供电，但对应的空间太阳能电站和地面接收站数量大。

（3）**太阳同步轨道**（Sun Synchronous Orbit，SSO）

太阳同步轨道是指轨道平面绕地球的旋转方向和角速度与地球绕太阳公转的方向和角速度一致，即轨道平面与太阳始终保证相对固定的方向，对应的轨道倾角接近90°，轨道高度在几百公里到几千公里，常用于遥感卫星。太阳同步轨道的主要优点包括：轨道高度较低，运输成本低，便于进行在轨组装和维护；无线能量传输距离较近，因此发射天线和接收天线面积较小；对应特定的晨昏太阳同步轨道，可以较好地保持太阳电池阵的对日定向和发射天线的对地定向，两者间无须相对转动，且全年的大部分时间均可连续发电。太阳同步轨道的缺点包括：电站与接收天线之间的位置相对变化，经过接收站的时间短，如需保证持续的能量传输，则需要在多个太阳同步轨道布置数量众多的电站组成复杂的星座，并需要较大的波束扫描角度；为了更好地接收电力，地面需要全球布置接收站，数量巨大。该轨道较适宜于关键技术验证和小型系统级验证，也可用于南、北极的非连续供电。

（4）**地球静止轨道**（Geostationary Orbit，GEO）

地球静止轨道是指位于赤道上方的轨道周期与地球自转周期和运行方向完全相同的圆形轨道，意味着该轨道与地球保持相对静止，即星下点不变，对应的轨道倾角为0°，轨道高度为35786km，常用于通信卫星。地球静止轨道是空间太阳能电站的最佳运行轨道，全年的大部分时间均可保证太阳电池阵的连续光照，仅在每年春分和秋分附近的6周、每天有最多不超过72分钟阴影期（图2-3）；无须采用电站星座和多接收站方式，既可实现发射天线与地面接收天线间的定点连续能量传输，又无须进行大范围的波束扫描。地球静止轨道的缺点是：轨道高度高，运输成本高，在轨组装和维护困难；距离地球远，能量传输距离远，

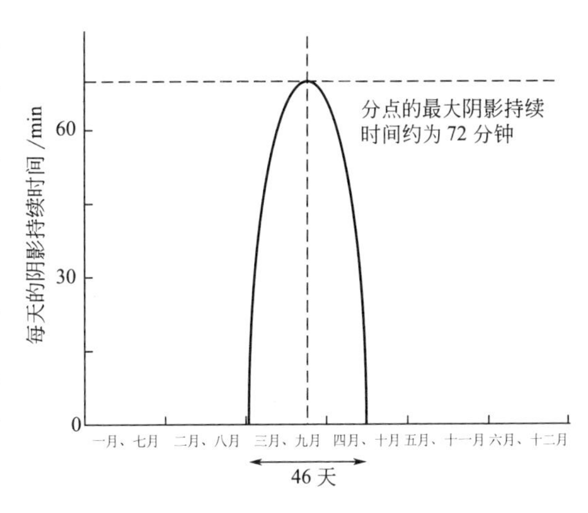

图2-3　地球静止轨道阴影时间

因此发射天线和接收天线面积大；太阳电池阵和发射天线间保持相对转动，以保证太阳电池阵的对日定向和发射天线的对地定向。

（5）地球同步轨道（Geosynchronous Orbit，GSO）

地球同步轨道是指轨道周期与地球自转周期（23小时56分4秒）和运行方向相同的圆形轨道，地球静止轨道属于一种特殊的地球同步轨道。对于倾角不为0° 的地球同步轨道，星下点位置会发生少量变化，呈现“8”字形。地球同步轨道是仅次于地球静止轨道的空间太阳能电站最佳运行轨道，主要特点与地球静止轨道相同，但是要求波束扫描范围较大（与轨道倾角相关）。地球同步轨道的应用可以增加可部署的空间太阳能电站的数量，对于扩大空间太阳能电站的总体供电能力具有重要价值。

（6）日地L1点轨道（Sun-Earth Largrange1 Orbit）

平动点又称拉格朗日点，是天体力学中限制性三体问题的五个特解，对应小物体相对于两个大物体保持静止的五个空间位置（图2-4），对于日地拉格朗日点，L1和L2点距离地球150万公里，L3和L4点距离地球1.5亿公里。日地之间的L1点轨道，由于其特殊的位置，适合于部署空间太阳能电站。日地L1点轨道的优点包括：容易实现太阳电池阵的对日定向和发射天线的对地定向，太阳电池阵和发射天线之间无须进行相互旋转，仅通过波束方向调整即可保证能量的连续传输；运行轨道无阴影期，可以连续发电；轨道空间大，可以布置极大数量的电站。日地L1点轨道的缺点包括：距离地球远，运输成本高，组装维护困难；能量传输距离远，发射天线和接收天线面积大；由于地球的自转，为了实现连续的能量传输，地面需要配置多个接收站进行能量接收。

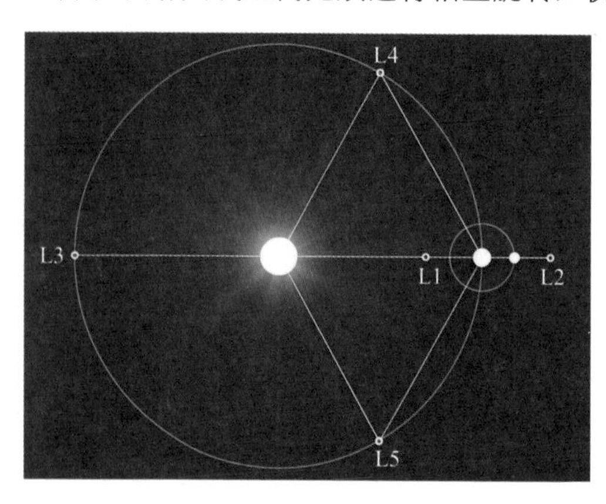

图2-4　日地拉格朗日平动点

（7）月球轨道

月球轨道主要指环月轨道、地月L1点轨道和地月L2点轨道（距离月球约6万公里），可用于月球表面设施的供电，由于月球特殊的长达14天的阴影期以及月球表面的一些永久阴影区的存在，月表探测和资源利用的能源供给难度极大，如果在环月轨道、地月L1点轨道或地月L2点轨道部署一定规模的激光能量传输空间太阳能电站，可以较好地为月表探测器和月球基地进行连续或非连续供电，有可能成为未来月球探测的重要供电方式。

2.2 空间环境特性

2.2.1 空间环境

空间太阳能电站设计寿命达到30年以上，对其具有较大影响的空间环境因素主要包括真空与冷黑环境、微重力环境、太阳电磁辐射环境、原子氧环境、空间等离子体环境、空间带电粒子辐射环境、空间碎片与微流星体环境等（图2-5）。这些空间环境因素单独地或共同地对空间太阳能电站发生作用。空间太阳能电站从发射到在轨运行会经历从LEO到GEO的轨道变化，不同轨道上的空间环境各有特点，其影响也不同。

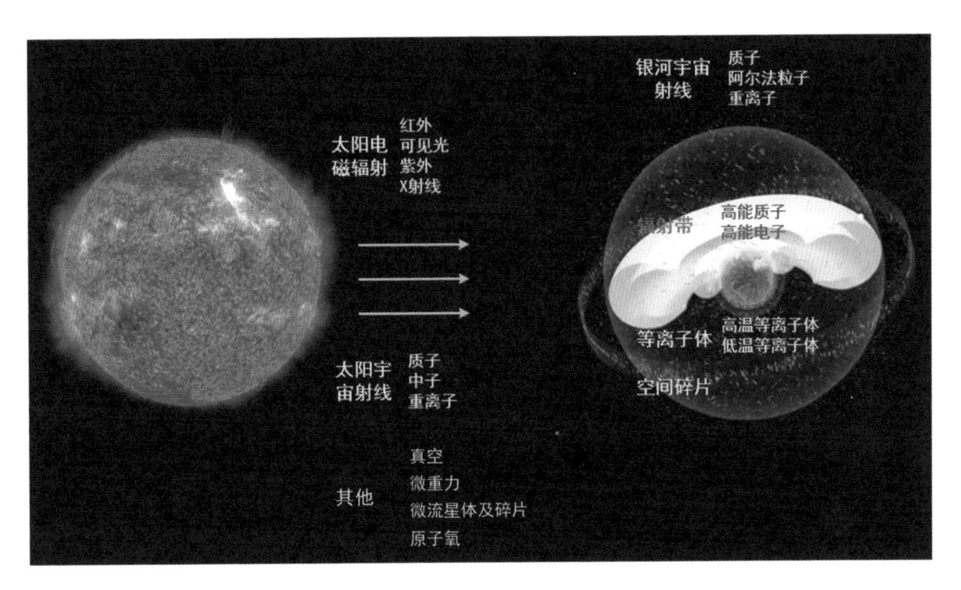

图2-5 典型空间环境因素

（1）真空环境

地球轨道空间是一个高真空环境，轨道越高，真空度越高。在600km处大气压降到10^{-7}Pa以下，10000km处大气压约为10^{-10}Pa。

（2）冷黑环境

在不考虑附近天体热辐射的情况下，整个太空可以看作一个温度极低的理想黑体。冷黑环境主要是指空间的3K背景辐射环境，相当于一个接近绝对零度的热沉环境。

（3）微重力环境

航天器以一定的速度运行在空间轨道上，受到的引力与离心力相平衡，但由于轨道存在一定的非圆形以及空间扰动力的存在，航天器实际处于微重力状态，对应的重力加速度为（10^{-6} ～ 10^{-3}）g。

（4）太阳电磁辐射环境

太阳是一个巨大的辐射源，发射波长从10^{-14}m的γ射线到10^{2}m的无线电波，主要能量集中在远紫外、近紫外、可见光和红外波段。根据美国的ASTM 490标准，距离太阳一个天文单位处的太阳电磁辐射功率密度约为1353W/m^2，它也被称为太阳常数。

（5）原子氧环境

原子氧是在近地轨道上（200 ～ 700km）以原子态氧存在的残余气体，主要是太阳辐射中波长小于240nm的紫外线对大气中的氧分子光致解离所致，原子氧的体密度为10^6 ～ 10^9个/cm^3。

（6）空间等离子体环境

在太阳的电磁辐射、粒子辐射以及地球磁场和地球热层残余大气的综合作用下，会在地球空间形成电离层等离子体和磁层等离子体环境。电离层等离子体区域位于60km至几千公里高度的地球空间，地球高层残余大气中的分子和原子在太阳紫外线、X射线和高能粒子的作用下发生电离，产生自由电子和正、负离子，处于部分电离或完全电离状态，在宏观上呈现出准电中性，粒子能量较低，低于1eV，但等离子体密度高，为10^4 ～ 10^6/cm^3，在大约300km高度附近达到最高。

而来源于太阳风的等离子体以及电离层以上到磁层边界的等离子体受到太阳风和地球磁场的相互作用，会形成磁层等离子体区域（图2-6）。在地球向阳面，受到太阳风压力的影响，磁层边界会被压缩，距离地球更近。在地球背阳面，太阳风拉伸磁场，形成一个很长的柱状拖尾，可延伸到10^6km的地方。磁层等离子体区域的等离子体环境非常复杂，在太阳平静期，该区域充满冷等离子体（$E \leqslant 10$eV），密度较高（>1/cm^3）；在太阳活动期间，太阳风和行星际磁场的扰动将使磁层发生大的扰动，产生磁暴和磁层亚暴，将电子和粒子的能量加速到1keV以上。被加速的高能带电粒子会在磁尾电场的作用下从磁尾注入磁层内部，被地磁场捕获，磁层等离子体的粒子能量和密度都会大大增加，形成恶劣的空间带电粒子环境。

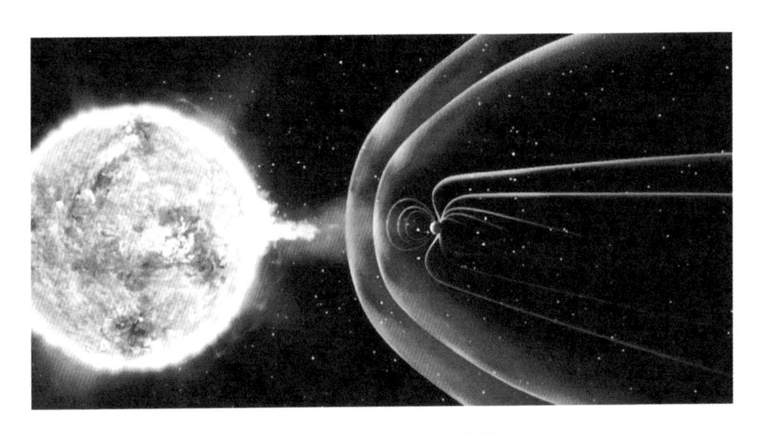

图2-6 地球磁层示意图

（7）空间带电粒子辐射环境

空间带电粒子辐射环境主要包括高能电子、质子及少量重离子，主要来自地球辐射带、太阳宇宙射线和银河宇宙射线。其中，太阳宇宙射线和银河宇宙射线主要为能量极高、通量很低的质子和重离子。地球辐射带是由于地球存在磁场，来自于太阳的不同能量的带电粒子被地磁场捕获到地球周围的相应区域，从而形成分布不均匀的高强度带电粒子区域，是地球空间最主要的带电粒子辐射环境，也称为范•艾伦（Van Allen）辐射带，主要包括两个空间区域，即内辐射带和外辐射带，如图2-7所示。

图2-7　地球辐射带示意图

内辐射带是靠近地球的带电粒子区域，在赤道平面上的高度范围为600～10000km（0.01～1.5R_e，R_e为地球半径），纬度范围约在南北纬40°之间，主要由能量为1～400MeV的捕获质子和能量为几十万电子伏的捕获电子组成。内辐射带受地球磁场控制，相对稳定。外辐射带距离地球较远，在赤道上的高度范围为10000～60000km（1.5～10.0R_e），带电粒子强度中心高度为20000～25000km，纬度范围为南北纬55°～70°。外辐射带主要是捕获电子，电子能量范围为0.04～4MeV，也包括少量质子，但能量很低，通常在几兆电子伏。外辐射带受变化剧烈的地球磁尾影响较大，粒子密度波动巨大，可达1000倍。

（8）空间碎片与微流星体环境

空间碎片主要是人类航天活动所遗留在空间的物体，包括失效的卫星、运载火箭末级、弹射的物体、爆炸或碰撞等产生的碎片等。随着航天活动的增加，空间碎片的数量也在不断增加，主要分布在近地轨道和地球静止轨道附近。轨道高度较低的碎片由于大气的阻力影响，会再入大气烧毁，轨道较高的碎片则会长期停留在轨道上。

微流星体主要来源于彗星和解体的小行星，在太阳引力场的作用下沿着椭圆轨道运动，相对于地球的速度为11～72km/s，平均速度约为20km/s。彗星主要由混合了较高密度矿物质的冰粒组成，平均密度为0.5g/cm^3；小行星主要由高密度矿物质组成，平均密度为8g/cm^3。近地轨道的微流星体粒子直径大多在50μm～1mm。

2.2.2 空间环境对空间太阳能电站的影响

（1）真空环境

对空间太阳能电站来说，真空提供了一个非常洁净的环境，太阳电池表面不会受到污染，能量传输也不会产生损耗。但是真空环境引起的材料真空出气以及材料分解等所产生的物质会沉积在太阳电池表面或光学器件表面，造成太阳电池阵发电功率下降和光学装置性能下降。真空环境对散热影响很大，只能依靠辐射换热与外界环境进行热交换。另外，高真空环境引起的表面间的黏着和冷焊效应对空间运动部件会产生较大的影响。同时，从地面到空间的发射过程会经历$10^3 \sim 10^{-1}$Pa的低真空环境，加电设备易引发低气压放电。

（2）冷黑环境

由于空间冷黑背景的存在，内、外热源产生的热量得以经设备表面通过热辐射进行排散，从而维持合适的温度。但对于没有输入热源的表面，长期向冷黑背景环境的辐射会导致极低的温度。

（3）微重力环境

空间微重力环境对电站的结构设计具有很大影响。结构上基本不用考虑微重力引起的强度问题，主要应考虑组装模块在发射状态下的力学性能、模块在轨展开及在轨组装的力学性能以及电站整体在空间进行姿态和轨道控制时的力学性能。另外，微重力环境对散热流体回路的设计以及液体燃料的储存和利用也会产生较大影响。

（4）太阳电磁辐射环境

太阳电磁辐射的可见光和红外线可直接用于太阳能发电，也会被表面材料吸收转化为热能。而太阳辐射中的紫外线会破坏材料的化学键，造成材料分解、变色、弹性降低等现象，从而改变材料的光学性能和力学性能，对航天器的性能和寿命造成很大影响。另外，由于空间太阳能电站面积巨大，太阳电磁辐射产生的光压力很大，对整个电站的姿态和轨道控制会产生较大的影响。

（5）原子氧环境

原子氧的化学活性高，氧化作用非常严重，原子氧撞击会导致材料厚度损失、表面状态改变，造成太阳电池阵、外露线缆、外露有机材料等的严重侵蚀，从而导致材料性能下降。空间太阳能电站发射部署过程在低轨需要停留较长时间，这个阶段要充分考虑原子氧带来的材料侵蚀效应。

（6）等离子体环境

等离子体环境的影响主要包括两个方面。一方面，微波无线能量传输与电离层等离子体会发生相互作用，微波能量与电离层的非线性作用会引起电离层参数的不稳定变化，可能对通信、导航等造成干扰；同时，电离层的不稳定变化又会对微波反向导引波束产生影响，从而影响能量传输的波束精度。另一方面，空间等离子体会引起设备表面充、放电，对于地球静止轨道，在地磁亚暴等恶劣情况下，大量能量较高的等离子体会使材料表面充电到极高的负电位，同时由于航天器各表面的光照条件和材料特性不同，会造成表面间存在较大的电位差，从而发生静电放电。发生在高压太阳电池阵的静电放电有可能引起太阳电池阵短路，造成整个太阳电池阵的功能失效，产生致命的危害，这是空间太阳能电站需要重点关注的问题。

（7）空间带电粒子辐射环境

空间高能带电粒子会入射到材料或器件内部，发生不同的作用，从而对材料或器件产生不同的损伤效应，破坏材料或器件的性能，主要包括电离总剂量效应、位移损伤效应、单粒子效应和内带电效应等。

电离总剂量效应主要来自地球辐射带的电子和质子以及太阳宇宙射线质子。带电粒子入射到材料或器件内部产生电离作用，能量会被吸收体吸收，较高通量带电粒子的累积将对元器件或材料造成电离总剂量损伤，导致元器件或材料的性能退化和失效，如热控涂层的性能变化、高分子绝缘材料的强度降低和性能退化、晶体管的性能变化等。

位移损伤效应主要来自地球辐射带高能质子及太阳耀斑质子。高能质子入射到材料或器件内部后，会引起晶格原子发生位移，造成晶格缺陷，从而产生位移损伤。位移损伤对太阳电池半导体材料影响很大，会降低太阳电池的发电效率，影响空间太阳能电站的发电性能。

单粒子效应主要来自地球辐射带高能质子、银河宇宙射线和太阳宇宙射线的高能重离子和质子。重离子和质子会在电子器件的灵敏区产生大量带电粒子，导致半导体器件的软错误、短暂失效或永久失效，主要的效应包括单粒子翻转、单粒子锁定、单粒子栅击穿和单粒子烧毁等，对于电子设备，特别是高功率高压电力管理设备影响非常大。

内带电效应主要来自地球辐射带高能电子。高能电子能够穿透材料表面，在介质材料内部沉积。高能电子长时间入射使得电荷沉积达到一定水平，将形成可能击穿介质材料的电场，引发材料内部放电。轻微的内部放电对电子系统会产生干扰，严重的放电将破坏介质材料，降低绝缘强度，甚至引起短路和电子设备的损坏，对空间太阳能电站的高压电力传输电缆、高压导电旋转关节和电力管理设备等具有较大的影响。

（8）空间碎片与微流星体环境

空间太阳能电站的太阳电池阵、聚光系统和发射天线面积巨大，因此受到微流星体及空间碎片撞击的概率很高，防护困难。微流星体和空间碎片撞击太阳电池阵，会引起电池和局部电路损伤，也可能引起电池阵局部放电，造成电池阵部分区域失效。大面积聚光镜受到微流星体及空间碎片的撞击，可能会造成聚光镜撕裂，降低聚光系统的整体效率。发射天线受到微流星体及空间碎片的撞击，会造成局部天线单元的损伤和失效，对能量传输效率产生影响。

2.3 空间太阳能电站组成

2.3.1 空间太阳能电站工程组成

空间太阳能电站是一个巨大的系统，其建造、运行和管理都是非常宏大的工程，整个空间太阳能电站工程主要分为六大部分（图2-8）。

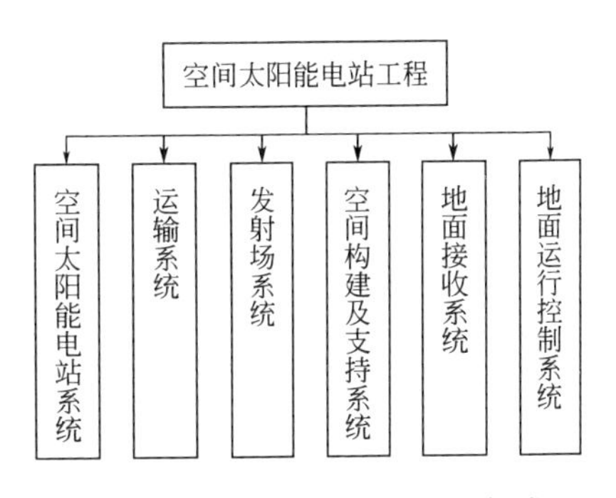

图2-8 空间太阳能电站工程组成

（1）空间太阳能电站系统

空间太阳能电站系统主要运行在GEO轨道，负责将空间太阳能转化为电能，并将电能高效地转化为微波能，连续向地面接收系统进行定点能量传输。

（2）运输系统

运输系统主要用于将空间太阳能电站的组成模块运输到目标轨道位置（GEO轨道），并为空间太阳能电站的运行和维护提供必要的设备和物资补给，主要包括地面到LEO的运载火箭和LEO到GEO的轨道间运输器。

（3）发射场系统

发射场系统主要满足运载火箭的组装、测试、发射需求，并满足空间太阳能电站组成模块的发射场组装和测试等需求。

（4）空间构建及支持系统

空间构建及支持系统主要用于支持空间太阳能电站在轨构建所进行的模块在轨组装，并为电站系统的稳定运行提供必要的在轨维护和物资储备，主要包括空间组装服务平台和组装机器人。

（5）地面接收系统（地面应用系统）

地面接收系统负责连续接收空间太阳能电站系统传输的能量，并以尽可能高的效率转化为电能，经过汇集调节后接入电网。

（6）地面运行控制系统（测控系统）

地面运行控制系统包括两方面功能：一方面为空间太阳能电站系统的发射、在轨构建、运行等提供必要的测控和遥操作支持；另一方面为空间太阳能电站提供反向波束导引信号，并且监测电站和地面能量接收系统的工作状态，确保电站和地面能量接收系统的稳定运行。

空间太阳能电站系统和地面接收系统是整个工程最核心的系统，而运输系统、发射场系统、空间构建及支持系统、地面运行控制系统是实现这一宏大工程不可缺少的重要支持系统，各系统的具体组成将根据技术途径和具体实施方案确定。

2.3.2 空间太阳能电站系统组成

为了满足在空间发电并向地面进行连续能量传输的功能需求，空间太阳能电站系统需要多个组成部分，主要包括空间太阳能收集、空间太阳能转化、空间电力传输与管理、微波无线能量传输、激光无线能量传输、结构、姿态与轨道控制、热控、信息与系统运行管理等。各组成部分如图2-9所示，具体功能如下。

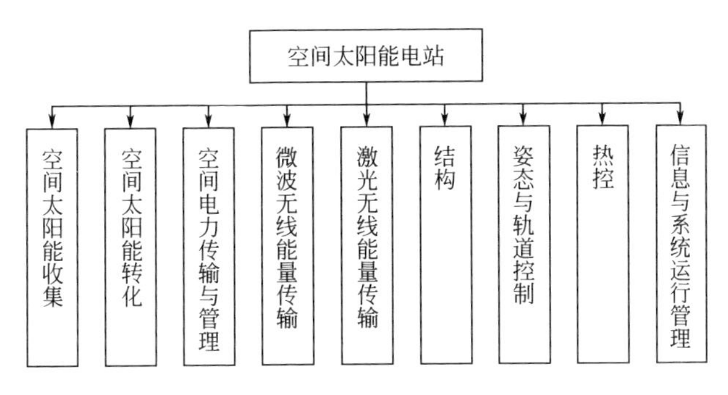

图2-9 空间太阳能电站系统组成

① 空间太阳能收集：有效地收集太阳能，并将太阳能传输到光电转化装置。

② 空间太阳能转化：将空间收集的太阳能高效地转化为电能。

③ 空间电力传输与管理：将大功率电能传输到无线能量传输部分，并且为其他电站电子设备供电。

④ 微波无线能量传输：将电能转化为大功率微波，利用大口径发射天线向地面进行能量传输。

⑤ 激光无线能量传输：将电能转化为大功率激光，利用大口径光学系统向目标传输能量。

⑥ 结构：作为整个电站的支撑，将各部分连接在一起，提供姿态和轨道控制所需的刚度和强度。

⑦ 姿态与轨道控制：根据电站需求实现太阳能收集部分的对日定向和无线能量传输装置的对地定向，并且维持电站的轨道位置和轨道高度。

⑧ 热控：主要对整个电站各部分的热量进行管理和排散，保证各部分设备的合理温度范围。

⑨ 信息与系统运行管理：收集整个电站各部分的工作数据和信息，并对整个系统进行统一的运行控制和管理。

2.3.3 空间太阳能电站能量传输链路

典型的空间太阳能电站的能量转化及传输过程主要包括空间太阳能收集与转化、空间电力传输与管理、能量转化及发射、无线能量传输、能量接收与转化、地面电力调节入网等，如图2-10所示。

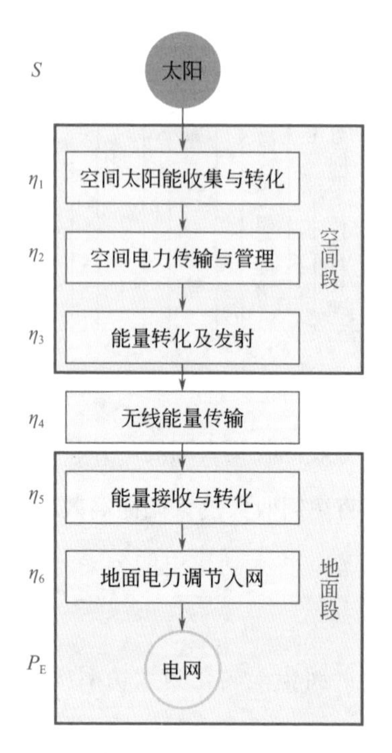

图2-10　空间太阳能电站能量传输链路

因此，对于空间太阳能电站，地面电网能够接收到的电功率为

$$P_E = \eta_1\eta_2\eta_3\eta_4\eta_5\eta_6 SA \tag{2-1}$$

式中　P_E——地面电网接收的电功率；

η_1——空间太阳能收集与电力转化的效率；

η_2——空间电力传输与管理的效率（考虑电力传输损耗和电站服务设备的电力消耗）；

η_3——空间电能转化为微波或激光以及能量发射的效率；

η_4——电磁辐射从空间穿过大气层到达地面接收装置的传输效率（考虑大气损耗和波束截获效率）；

η_5——地面能量接收及转化的效率（包括地面接收装置的接收效率和能量转化效率）；

η_6——地面电力调节汇流入网效率；

A——空间太阳能有效收集面积，m^2；

S——地球轨道上的太阳辐射强度，约为1360W/m^2。

与系统效率相关的主要参数如下。

（1）空间太阳能收集与转化

① 太阳聚光系统效率（聚光型）；

② 太阳聚光镜反射率（聚光型）；

③ 太阳电池转化效率；

④ 太阳电池阵布片率；

⑤ 太阳电池阵电路损耗；

⑥ 空间环境引起的效率变化；

⑦ 对日定向的姿态偏差；

⑧ 热机发电效率（热电转化型）。

（2）空间电力传输与管理

① 电压变换效率；

② 电力传输效率；

③ 电力调节分配效率。

（3）能量转化及发射

① 频率（波长）选择；

② 发射天线（光学）尺寸；

③ 电/微波（电/激光）转化效率；

④ 波（光）束方向控制精度；

⑤ 波（光）束合成效率；

⑥ 发射装置效率。

（4）无线能量传输

① 能量传输的大气损耗；

② 能量传输的空间损耗（截获效率，与波束指向精度、发射天线和接收天线尺寸直接相关）。

（5）地面能量接收与转化

① 接收天线尺寸；

② 能量吸收效率；

③ 能量转化效率；

④ 电力变换、汇流及传输效率。

2.4 无线能量传输方式比较

空间太阳能电站需要采用无线能量传输技术将能量从空间传输到地面，传输距离约为36000km，且传输过程中需要穿过地球大气层，需要综合考虑能量发射和接收装置的规模以及穿过大气层的损耗（图2-11）。目前考虑的远距离无线能量传输方式主要包括三种：太阳光直接反射方式、微波无线能量传输方式和激光无线能量传输方式。三种方式比较如图2-12所示。

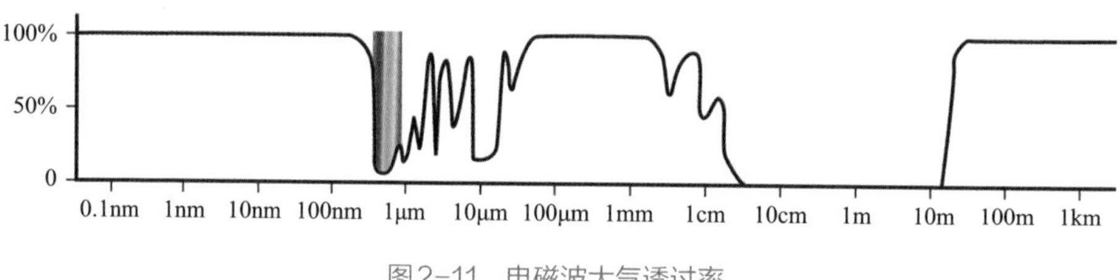

图2-11 电磁波大气透过率

太阳光直接反射方式是指在空间布设大面积的太阳聚光镜，将太阳光直接从空间反射到地面。太阳光直接反射方式的优点是无须进行多次的能量转化环节，直接在地面采用太阳电池阵即可实现将空间太阳能转化为电能。太阳光直接反射方式除了反射太阳光受到天气影响很大以外，最大的问题在于太阳是一个面光源（视角为32″），因此受到几何光学的限制，入射太阳光经过聚光镜反射后在接收端实际上得到的是太阳的成像，根据太阳的直径、日地距离以及无线能量传输距离等参数可以得到，理想光学反射情况下在地面的光斑直径约为330km，而聚光镜的尺寸只决定反射光的光照强度。显然采用太阳光直接反射的方式，需要对应的空间聚光镜和地面的太阳电池阵的尺寸巨大，工程实现不现实。

微波无线能量传输方式和激光无线能量传输方式类似，都是首先将太阳能转化为电能，之后将电能转化为电磁波，再利用发射装置将电磁波传输到地面，之后再将电磁波重新转化为电能。微波方式和激光方式的主要不同在于波长的巨大差异，根据电磁波传输原理，发射直径和接收直径的乘积与波长成正比。假设微波采用5.8GHz，对应波长为5mm，激光采用1064nm，两者之间相差将近5000倍，因此对应的装置规模也相差巨大。对于微波能量传输，典型的发射天线和接收天线尺寸为1km和4.5km；对于激光能量传输，典型的发射光学系统和接收电池阵尺寸为1m和93m（理想光学条件）。

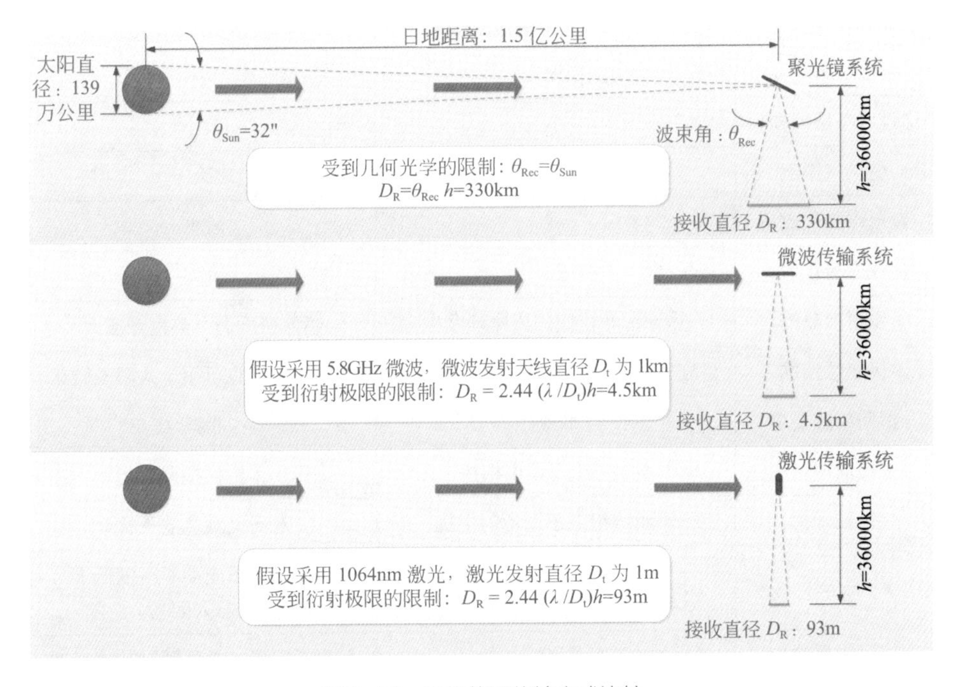

图2-12　无线能量传输方式比较

微波无线能量传输和激光无线能量传输是目前空间太阳能电站方案重点考虑的两种传输方式，微波能量传输与激光能量传输的比较见表2-1。激光能量传输波束窄，对应的发射和接收装置小，方向控制灵活，适合于空间的中低功率无线能量传输。微波能量传输的优点是大气和云雨等对传输的影响较小，发射端和接收端的转化效率较高，功率密度较低，安全性好，适合于空间到地面的高功率能量传输。对于空间向地面的能量传输，还要重点考虑穿过大气层的损耗。为了使微波能更高效地在大气中传输，一般采用基本不受云、雨等气象条件影响的工业、科学和医疗（ISM）频段，主要选用了2.45GHz或5.8GHz的微波频率。激光能量传输则主要选用可见光或近红外频谱大气透明窗口，还需要综合考虑能量转化效率、光束质量等因素来选定频率。

表2-1 基于微波和激光的无线能量传输技术比较

比较因素	微波能量传输	激光能量传输
频率	低	高
波束	宽	窄
发射装置尺寸	大	小
接收装置尺寸	大	小
穿越大气层的损耗	小	较小
受天气影响	小，可穿透云层	大
发射端转化效率	高	较低
接收端转化效率	高	中
发射端热控	热流密度较低，热控难度小	热流密度高，热控难度大
接收端技术	整流天线，仅用于空间太阳能利用	光伏技术，也可用于太阳光转化
指向精度要求	较高	极高
指向控制	机械指向+波束相控	机械指向
传输干扰	对通信和电子设备的干扰	对天文观测的干扰
安全性	波束功率密度低，相对安全	需要限制激光功率密度低于地面太阳光
军事用途	很少	可用于军事，需要限制功率密度
传输方式	适于集中式无线能量传输	可实现分布式无线能量传输

第3章

典型空间太阳能电站方案

3.1 空间太阳能电站分类

为了保证空间太阳能电站的高效率工作，需要太阳电池阵（或聚光器）对日定向、发射天线对地面接收装置定向。对于地球静止轨道，在一个轨道周期内，太阳电池阵（或聚光器）与发射天线间的相对位置变化为360°。由于空间太阳能电站体积、质量、功率巨大，如何处理太阳电池阵和发射天线之间的相互位置关系成为空间太阳能电站设计中需要考虑的核心问题。目前的空间太阳能电站方案一般考虑如下几种情况：

① 采用大功率导电旋转关节实现太阳电池阵与发射天线间的相对转动；

② 采用聚光方案，通过聚光系统的控制实现将太阳光反射到太阳电池阵，无需采用大功率导电旋转关节；

③ 采用微波反射方式，通过大型微波反射器的旋转实现微波方向的改变，无需采用大功率导电旋转关节；

④ 采用无旋转机构，太阳电池阵与发射天线相对位置固定，以非连续的发电和系统效率损失为代价。

目前，国际上已提出几十种空间太阳能电站概念方案，包括近些年提出的几种新型方案，主要以微波能量传输为主，但没有一个方案是最优的。通过对多种空间太阳能电站方案进行比较，空间太阳能电站总体上可以分为三种类型

（图3-1），分别为非聚光连续传输型空间太阳能电站、非连续传输型空间太阳能电站和聚光连续传输型空间太阳能电站。

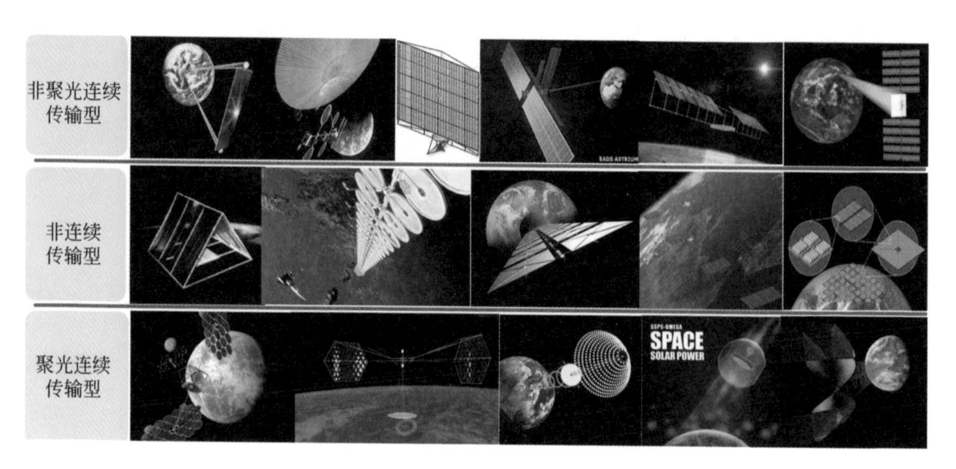

图3-1　典型空间太阳能电站分类

3.2　非聚光连续传输型空间太阳能电站

3.2.1　1979 SPS参考系统

1977年开始，基于Glaser的SPS概念，美国能源部（DOE）和国家航空航天局（NASA）联合波音公司（Boeing）和洛克威尔公司（Rockwell）实施了空间太阳能电站概念发展与评估计划（Satellite Power System Concept Development and Evaluation Program，SPS CDEP），到1980年共投入约5000万美元重点开展SPS系统方案研究与评估，提出了著名的发电功率达到5GW的“1979 SPS参考系统”（图3-2）。

图3-2　1979 SPS参考系统效果图（太阳能发电卫星及地面接收天线）

该方案设计电站运行在地球静止轨道，整体结构由太阳电池阵和微波发射天线组成，两者之间通过巨大的导电旋转机构进行连接以实现太阳电池阵对日定向和微波发射天线的对地定向（图3-3）。微波发射天线直径为1km，微波频率为2.45GHz，对应地面的整流天线直径约为10km（赤道区域），而对于纬度35°的地区，天线为10km×13km的椭圆区域，最终地面发电功率为5GW，整个系统的发电效率约为7%。太阳电池阵为一个巨型整体结构，总面积达55km^2。该方案最大的技术难点在于巨大的导电旋转机构，需要将接近9GW的电力从太阳电池阵传输到微波发射天线。虽然传输总功率很高，但微波波束到达地面时的功率密度较小，波束中心大约为230W/m^2，而边缘只有10W/m^2。系统的主要设计指标见表3-1，总质量为30000～50000t。

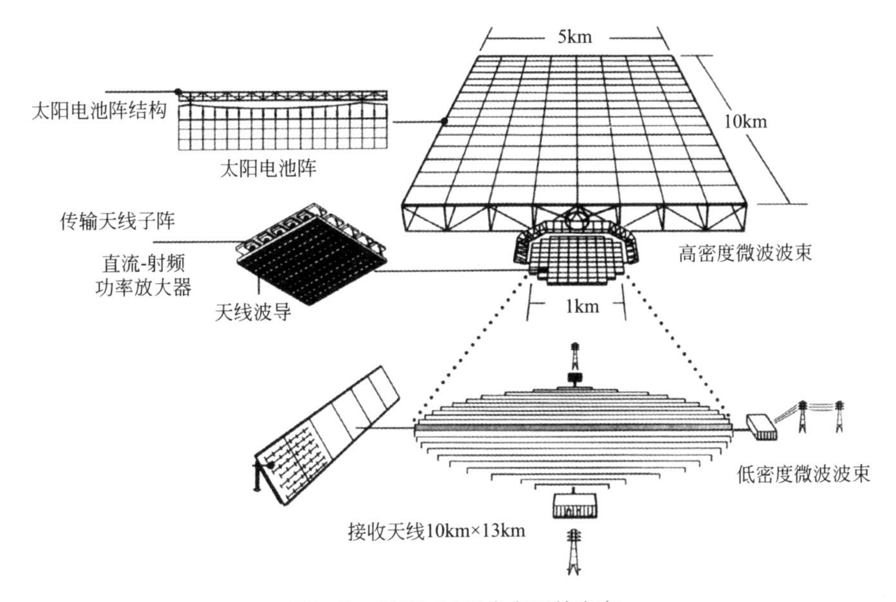

图3-3　1979 SPS参考系统方案

表3-1　1979 SPS参考系统设计指标

设计指标		值
系统指标	轨道	地球静止轨道
	发电功率/GW	5
	工作寿命/年	≥30
	质量/t	$3\times10^4 \sim 5\times10^4$

续表

设计指标		值
太阳电池阵	太阳电池	硅或砷化镓
	尺寸/km	10×5×0.5
	材料	碳纤维复合材料
能量传输	微波转化	调速管
	发射天线直径/km	1
	频率/GHz	2.45
	地面接收天线尺寸/km	10×13（椭圆）
	最大功率密度/（W/m^2）	中心230，边缘10

3.2.2 多旋转关节空间太阳能电站

为了解决超高功率导电旋转关节难题，中国空间技术研究院在2014年提出了多旋转关节空间太阳能电站方案（Multi-Rotary joints SPS，MR-SPS）。该方案采用了特殊的构型设计（图3-4），实现了将整体式太阳电池阵分解为多个可独立旋转的太阳电池分阵，每个太阳电池分阵通过独立的导电旋转关节进行电力传输，因此，通过采用多个旋转关节的方式解决了1979 SPS参考系统的极大功率导电旋转关节技术难题，并避免了导电关节的单点失效问题。同时，整个电站的太阳电池阵、桁架结构、微波发射天线均采用模块化设计，也便于系统的组装构建。

图3-4　多旋转关节空间太阳能电站效果图

MR-SPS主要由三大部分组成：太阳电池阵（南、北）、微波发射天线、主结构。太阳电池阵和微波发射天线通过主结构进行连接。服务分系统设备安装在太阳电池阵、微波发射天线、主结构的结构框架上。太阳电池阵由多个太阳电池分阵组成，每个太阳电池分阵通过两个导电旋转关节将电力传输到主结构的传输电缆上，进而将电力远距离传输到微波发射天线。主结构由两根南北向主桁架结构和多根上下向主桁架结构组成。南北向主桁架结构分别用于支撑太阳电池分阵和微波发射天线，安装于上部主桁架结构上的多个导电旋转关节用于驱动太阳电池分阵以实现其对日定向。通过上下向主桁架结构将两根南北向主桁架结构连接在一起，用于通过传输电缆将电力传输到微波发射天线。整个空间太阳能电站采用模块化设计，利用机器人在轨组装方式在地球静止轨道进行构建，具体方案详见第7章。

3.2.3 K-SSPS

韩国于2019年提出K-SSPS概念方案（图3-5），该方案与MR-SPS非常相似，但未采用多旋转关节构型。整个电站的中心为边长1km的正方形发射天线，微波频率为5.8GHz，两边通过导电旋转关节与南北向的巨大电池阵进行连接。太阳电池阵拟采用CIGS或钙钛矿柔性太阳电池，包括4000个可卷绕式展开的太阳电池阵模块，总面积达到11.2km^2，太阳电池阵发电功率通过传输电缆和导电旋转关节传输到微波发射天线。地面接收天线直径约为4km，整个电站设计发电功率为2GW，系统效率为13.5%，主要参数见表3-2。整个系统拟在近地轨道完成组装，之后整体利用电推进系统运输到地球静止轨道。为了防止太阳电池在轨道转移过程中受到辐射环境的影响，只有部分太阳电池阵模块展开正常工作，为大功率电推进系统供电（图3-6）。达到地球静止轨道后，所有的太阳电池阵模块展开，整个系统开始正常工作。

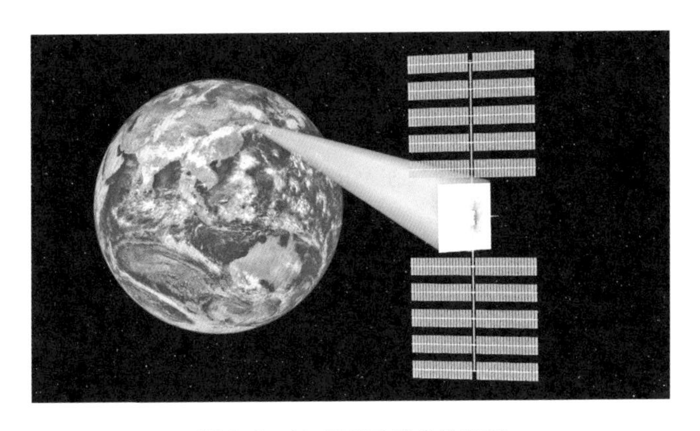

图3-5 K-SSPS概念效果图

表3-2 K-SSPS主要参数

参数	值
地面供电功率/GW	2
尺寸/km	2×5.6
太阳电池阵（CIGS或钙钛矿柔性太阳电池）	薄膜可卷绕
整个系统效率/%	13.5
太阳电池阵尺寸/km	2×2.7×2个
太阳电池阵模块尺寸/m	10×270
太阳电池阵模块数量	4000
正方形发射天线面积/km^2	1.0
运行轨道	地球静止轨道
微波频率/GHz	5.8
地面接收天线直径/km	4

图3-6 K-SSPS在近地轨道状态

3.2.4 模块化多旋转关节空间太阳能电站

2021年，中国空间技术研究院在MR-SPS方案基础上，提出一种改进方案，名为模块化多旋转关节空间太阳能电站概念（MMR-SPS），如图3-7所示。其主要技术特点是：将原来位于整个电站中心的圆形微波发射天线阵面转化为长方形微波发射天线阵面，该阵面由多个矩形微波发射天线分阵组成，布置于太阳电池分阵下方的桁架结构上，实现了太阳电池分阵和微波发射天线分阵的一一对应，太阳电池分阵产生的电力通过对应的导电旋转关节后，直接传输到对应的微波发射天线分阵。该设计大大简化了空间电力传输与管理的难度，同时整个空间太阳能电站组装过程中各个模块完全独立，提高了系统的可靠性，而且每个模块组装后即可单独发电，提高了电站的利用效率。

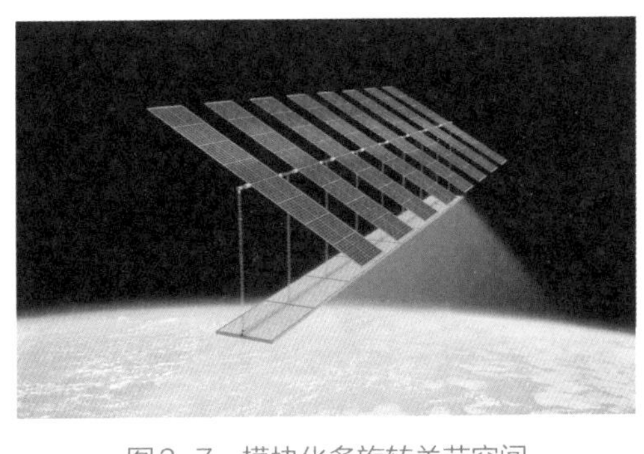

图3-7　模块化多旋转关节空间太阳能电站效果图

模块化多旋转关节空间太阳能电站从对地方向看可以分为三大部分：太阳电池阵、主结构和微波发射天线；从南北方向上看，包括了多个由太阳电池分阵、连接桁架结构以及微波发射天线分阵组成的发电及能量传输模块，这些模块在南北方向的扩展形成整个空间太阳能电站。对于一个典型的1GW电站，整个电站包括50个发电及能量传输模块（图3-8），每个太阳电池分阵的尺寸为200m×600m，每个太阳电池分阵通过纵向连接主桁架结构与位于下方的微波发射天线分阵相连接，每一个微波发射天线分阵的尺寸为210m×100m，最终形成的微波发射天线的尺寸为10500m×100m，在地面上形成的波束为一个细长条区域（图3-9）。

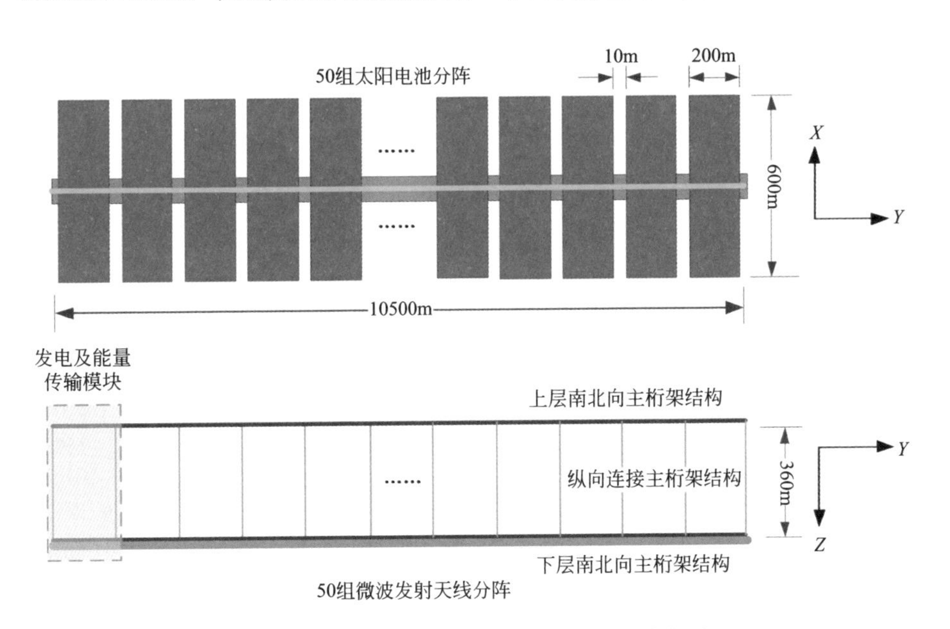

图3-8　模块化多旋转关节空间太阳能电站构型

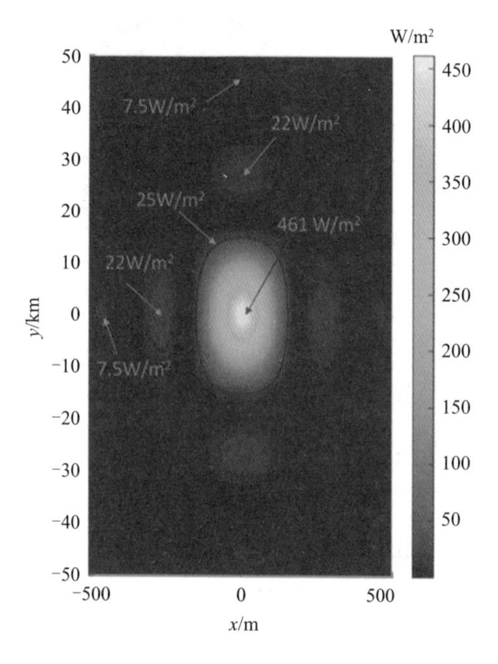

图3-9　地面上形成的微波波束分布

3.3　非连续传输型空间太阳能电站

3.3.1　太阳塔

20世纪90年代中期，美国国家航空航天局在1995—1997年期间重新启动名为“Fresh Look”的新一轮空间太阳能电站论证，在对几十个新型电站概念进行评估的基础上优选出两种方案，“太阳塔”是其中一种。

太阳塔空间太阳能电站由多个太阳发电阵模块、主构架和微波发射天线组成。其中，太阳塔电站的太阳电池阵由数十个到数百个太阳发电阵模块组成，可以采用充气式展开聚光太阳电池阵结构，也可以采用非聚光太阳电池阵结构（图3-10），一个太阳发电阵模块的典型输出功率约1MW，根据总发电量的需求配置太阳发电阵模块的数量。太阳发电阵模块呈两列安装在中央构架上，也可以采用多构架方式，每个构架均安装两列太阳发电阵模块（图3-11），发出的电力通过安装在主构架上的中央超导电缆传输到构架末端的微波发射天线，太阳电池阵与微波发射天线之间没有相对旋转。其最大的技术特点在于采用重力梯度稳定方式，使中央结构自动垂直于地面，保证末端的微波发射天线对准地面，大幅减小姿轨控的难度，但由于无法实现太阳电池阵的对日定向，因此发电为非连续的。

图3-10　太阳塔空间太阳能电站效果图（采用聚光太阳电池阵及非聚光太阳电池阵）

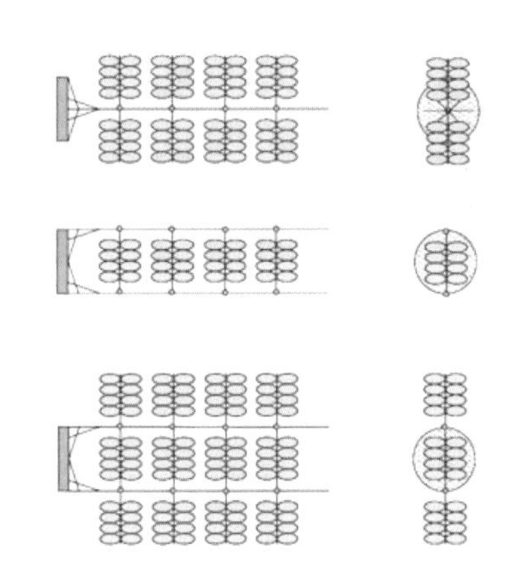

图3-11　多构架太阳塔结构方案

太阳塔空间太阳能电站可以运行于太阳同步轨道、赤道轨道或地球静止轨道。对于太阳同步轨道，太阳电池阵可以较好地保持对日定向，需要由多个电站组成星座，地面也需要多个接收站配合。对于赤道轨道，无法实现太阳电池阵对日定向，因此发电是不连续的，需要多个电站组成星座。例如，对于运行于12000km高度赤道轨道的方案，微波频率选5.8GHz，发射天线直径约为260m，地面接收天线的直径约为4km，发射天线的波束控制能力为±15°，可以覆盖南北纬30°的范围，需要6个SPS组成星座。而对于地球静止轨道，无需采用星座的方式，但发电是不连续的。

3.3.2　SPS 2000

日本宇宙科学研究所（Institute of Space and Astronautical Science，ISAS）于1990年提出SPS 2000空间太阳能示范电站方案，并在SPS 91国际会议上获最佳论文奖，是日本提出最早的空间太阳能电站方案。

SPS 2000采用了固定结构方案，其外形为一个三棱柱，边长为336m，高为

303m（图3-12）。三棱柱的一面安装微波发射天线，指向地球，另外两个面安装太阳电池阵，尽可能接收太阳光照。太阳电池阵由4个太阳子阵组成，每个太阳子阵包含45个电池阵模块，每个模块作为组装的基本结构单元，输出电压1kV、电流180A，质量为270kg。微波发射天线为一个132m×132m的正方形相控阵天线，安装1936个正方形子阵。子阵边长为3m，是相位控制的基本单元，每个子阵包括1320个天线单元。选择的微波频率为2.45GHz，波束扫描角范围是纵向±30°、横向±16.7°，微波发射功率为10MW。地面接收天线直径为2km，每个接收站的平均发电功率约为300kW。SPS 2000的系统参数见表3-3。

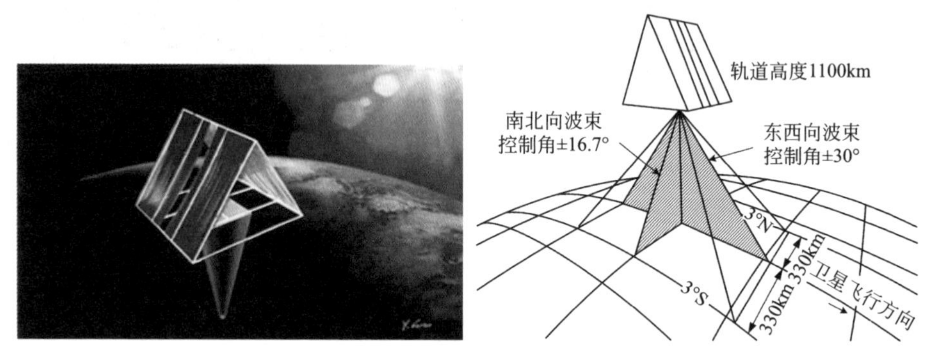

图3-12　SPS 2000电站工作示意图

表3-3　SPS 2000系统参数

参数	值
电站形状	三棱柱
电站尺寸/m	336×303
质量/t	134.4
运行轨道	赤道轨道，高度1100km
微波频率/GHz	2.45
波束控制方式	反向波束控制
波束扫描角/（°）	–30 ～ 30（东西向） –16.7 ～ 16.7（南北向）
天线尺寸/m	132×132
微波发射功率/MW	10
地面接收天线直径/km	2

续表

参数	值
地面接收站发电功率/kW	300
太阳电池类型	非晶硅薄膜电池
太阳电池阵母线电压/kV	1
发电功率/MW	32
姿态控制方式	重力梯度稳定

作为一个空间太阳能示范电站，考虑降低发射成本以及减小从空间进行能量传输的距离，SPS 2000设计运行在1100km赤道轨道，为了实现地面接收站的尽可能连续接收能量，需要多个电站形成星座，拟通过向赤道发展中国家供电进行供电示范。

3.3.3 太阳帆塔

1998—1999年，欧洲航天局在空间探索与利用（SE&U）研究中提出了太阳帆塔概念（图3-13）。该方案基于美国的太阳塔概念，主要特点是太阳电池阵采用了类似太阳帆的可展开轻型薄膜结构，每个电池阵模块尺寸为150m×150m，质量比功率为225W/kg，对应的面积比功率为170W/m^2。共有60对、120个太阳帆电池阵模块对称安装在15km长的中央结构上，在轨最大发电功率约为450MW。中央结构布设超导电缆，用于将电池阵发出的电力传输到位于中央结构末端的微波发射天线。微波发射天线直径约为1km，微波频率为2.45GHz，采用磁控管作为微波源；地面接收天线直径约11km，发电功率为275MW。整体采用重力梯度稳定方式，微波发射天线和太阳电池阵间无相对运动，因此发电是不连续的。每个太阳帆电池阵模块发射入轨后自动展开，在近地轨道进行系统组装，再通过电推力器送入地球静止轨道。整个系统尺寸为

图3-13　太阳帆塔电站效果图

15km×0.35km×0.05km，总质量约2140t。太阳帆塔概念的主要参数见表3-4。

表3-4　欧洲太阳帆塔电站基本参数

参数		值
太阳帆塔	轨道	GEO
	长度/km	15
	质量/t	2140
	在轨最大发电功率/MW	450
太阳帆电池阵	模块数量	120
	模块尺寸/m	150×150
	模块质量/t	2.5
中央结构和电缆	质量/t	240
	电缆	超导电缆
发射天线	磁控管数量	400000
	频率/GHz	2.45
	直径/m	1020
	质量/t	1600
	发射功率/MW	400
接收天线	天线尺寸	11km×14km
	包括安全区域的尺寸	27km×30km
	发电功率/MW	275

3.3.4　绳系空间太阳能电站

2000年，日本提出一种新型的空间太阳能电站概念——绳系空间太阳能电站，是目前日本重点发展的基本型微波无线能量传输型电站方案。绳系空间太阳能电站采用了三明治结构设计，即将太阳电池、电力管理设备、微波转化装置和发射天线集成在一起组成夹层结构。利用绳系将电站平台与三明治结构装置连接在一起，实现重力梯度姿态稳定，维持三明治结构天线面对地球定向。在初始设计中，整个电站只有一个平台，通过四组绳与三明治结构板连接为一个整体，在改进方案中，对三明治结构板进行了模块化设计，采用多个绳系结构的组合方式（图3-14）。

该方案的主要技术特点包括：不需要导电旋转机构；不采用聚光系统，简化了热控；采用三明治结构设计，简化了电力传输与管理；采用重力梯度稳定，简化了姿态控制。但该方案无法实现在轨道周期内的太阳电池对日定向，因此发电波动很大，呈现周期性变化。即使考虑在三明治结构两面均布设太阳电池，系统的利用率也只能提升到63%左右（图3-15）。

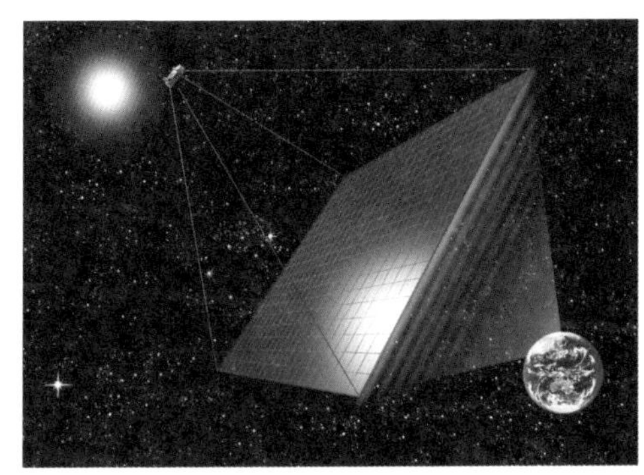

图3-14 绳系空间太阳能电站效果图

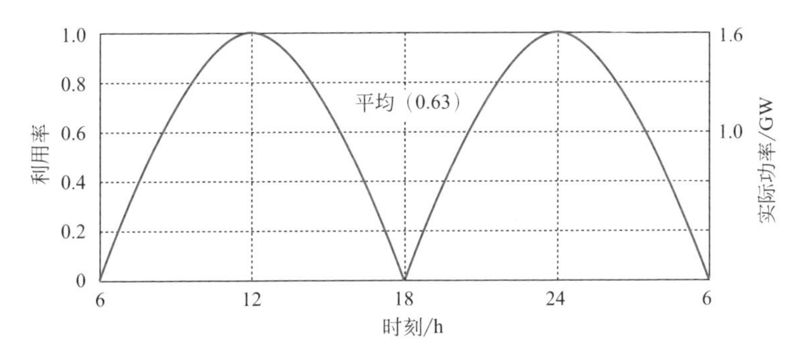

图3-15 双面安装电池情况下的发电功率变化

GW级电站的三明治结构尺寸为2.5km×2.375km，绳长度为5～10km。基本结构单元为尺寸100m×95m的三明治结构单元板，每个三明治结构单元板包含3800个天线模块，总质量约为42.5t，微波能量传输功率为2.1MW；25个基本结构单元（5×5）组装形成三明治结构子板，尺寸达到500m×475m，微波发射功率为52.5MW，每个子板对应一个电站平台，子板与平台间采用4根绳系连接在一起组成一个基本电站结构；25个基本电站结构（5×5）组成完整的空间太阳能电站系统，系统的主要技术参数见表3-5。绳系空间太阳能电站方案相对简单的结构设计使得其在技术上具有很好的可行性，高度模块化的设计有利于系统的组装（图3-16），系统的扩展能力大幅提高。

表3-5　绳系空间太阳能电站主要参数

参数		值
系统结构	结构	绳系结构，利用100根绳（每块子板4根）悬挂三明治结构板
	三明治结构板尺寸	2.5km×2.375km×0.02m
	绳长度/km	5～10
轨道		地球静止轨道
地面输出功率/GW		1
系统质量	总质量/t	26600
	三明治板质量/t	25200
	平台（包括绳）质量/t	1400
微波频率/GW		5.8
效率	太阳电池/%	35
	微波源/%	85
子板	尺寸、质量	500m×475m×0.02m，1010t
	子板总数	25（5×5）
	发射功率/MW	52.5
单元板	尺寸、质量	100m×95m×0.02m，42.5t
	每个子板的单元板总数	25（5×5）
	发射功率/MW	2.1
模块	尺寸、质量	5m×0.5m×0.02m，10.625kg
	每块单元板的模块数	3800（20×190）
	发电功率/W	1181
	发射功率/W	555

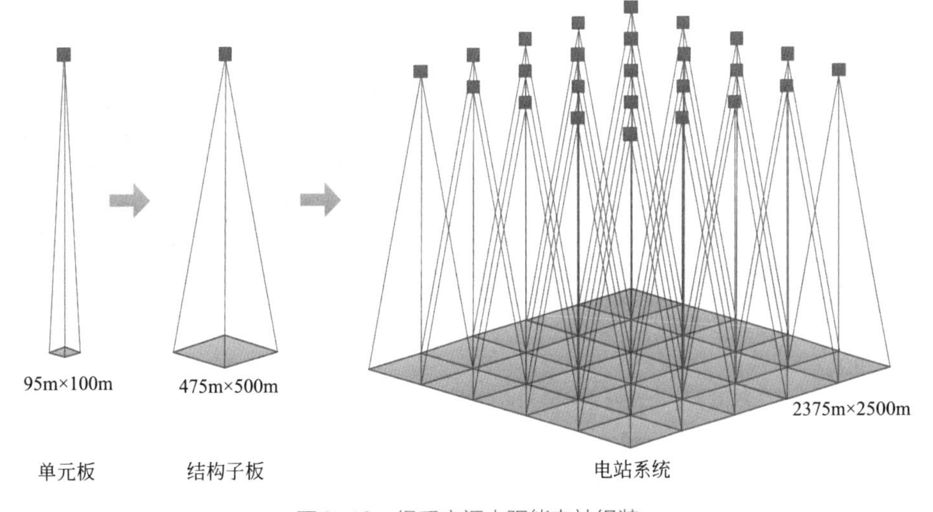

图3-16　绳系空间太阳能电站组装

3.3.5 微波蠕虫

2015年，加州理工大学对空间太阳能电站在新型超轻结构、高效发电和无线能量传输等方面开展研究，提出新型的“微波蠕虫”空间太阳能电站概念。为了实现超轻且易于收拢展开的结构，该研究团队设计了薄膜型三明治结构，包括柔性薄膜电池阵、超薄CMOS射频芯片、薄膜柔性天线以及超轻材料和展开结构，采用类似太阳帆的折叠展开方式。

其基本单元称为瓦片（Tile），由薄膜高效太阳电池和薄膜发射天线组成，多个瓦片单元组成1.5m宽的柔性条带组件，多个条带组件按照太阳帆的模式排布成60m×60m的一个基本航天器单元，包含300000个瓦片单元，最终由2500个基本航天器单元形成一个3km×3km的GW级电站（图3-17）。初期的薄膜高效太阳电池阵设计非常独特，包括多组抛物面薄膜聚光镜以及与聚光镜匹配的薄膜太阳电池条带，薄膜太阳电池条带安装在薄膜聚光镜一侧的边缘上（图3-18）。展开前，聚光镜和薄膜太阳电池条带压紧在基板上随柔性条带组件一同卷绕收拢，入轨后随着柔性条带组件的展开，自主展开恢复所需的形状。目前的样机试验认为这种聚光设计存在较大的问题，最新设计考虑采用平面太阳电池阵结构取代薄膜聚光电池阵。瓦片单元薄膜基板上安装微波电路和信号电路等，基板下表面为发射天线。整个航天器单元的最初设计目标是面密度达到极低的100g/m²，对应整个电站的质量为900t，最新的设计目标是电站质量约2600t。

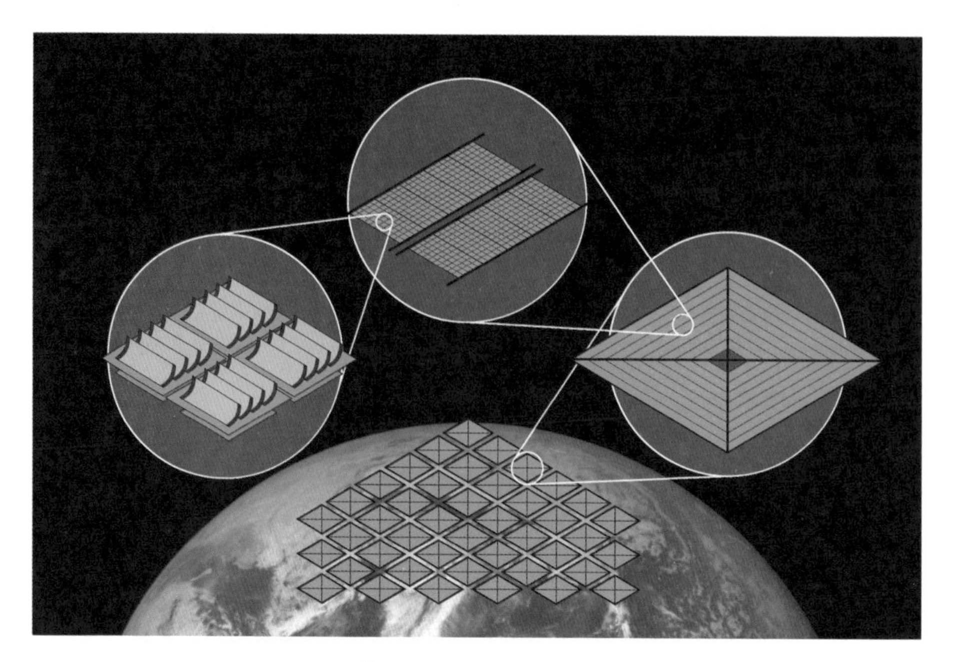

图3-17 “微波蠕虫”空间太阳能电站概念

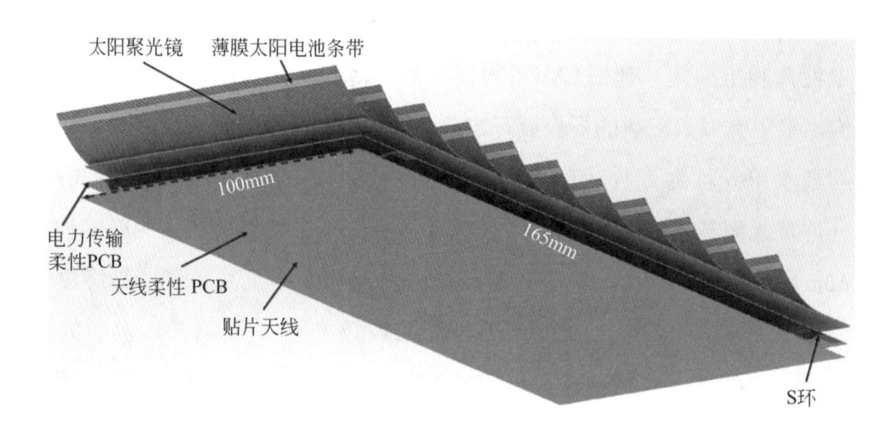

图3-18 瓦片单元主要组成

“微波蠕虫”空间太阳能电站概念无法同时实现太阳电池面的对日定向和发射天线面的对地定向，研究团队考虑采用双面太阳电池、双面发射天线、在轨姿态调整、波束大角度调整以及地面配置储能系统等综合措施实现较为稳定的供电（图3-19）。

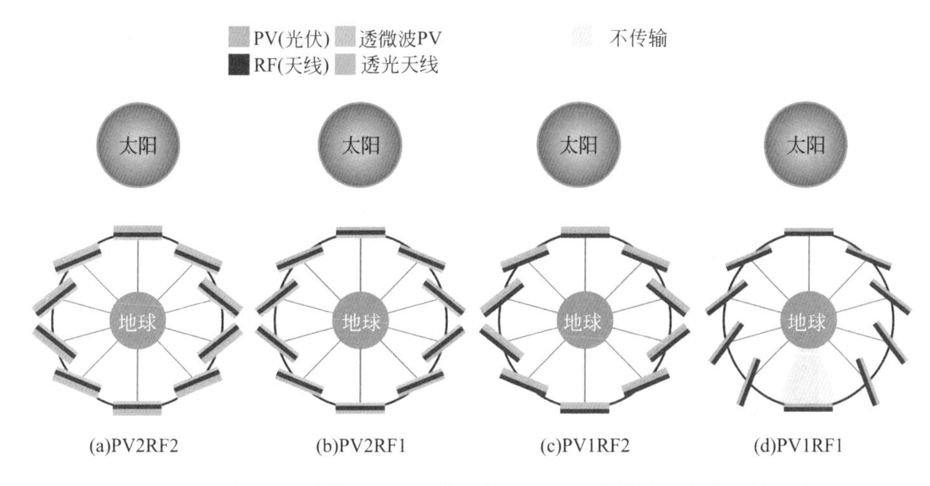

图3-19 “微波蠕虫”空间太阳能电站不同三明治结构及姿态调整示意

3.4 聚光连续传输型空间太阳能电站

3.4.1 集成对称聚光系统

1999年，美国国家航空航天局启动空间太阳能探索研究与技术计划（SERT），总投资额为2200万美元，马歇尔空间飞行中心（MSFC）提出了集成对称聚光系统（Integrated Symmetrical Concentrator Concept，ISC）的电站设计方案（图3-20），目的是在不采用高功率导电旋转关节的情况下通过聚光系统的调整实现聚光系统对日定向和发射天线对地定向。该方案主要包括两个太阳聚光镜、两个太阳电池阵和一个发射天线，太阳聚光镜、太阳电池阵与发射天线之间通过桁架进行连接。两个太阳聚光镜通过旋转机构整体旋转实现对日定向，将太阳光反射到太阳电池阵。太阳电池阵与天线阵相对固定，通过短距离的传输电缆为发射天线进行供电，而发射天线保持对地定向，进行微波能量传输（图3-21）。

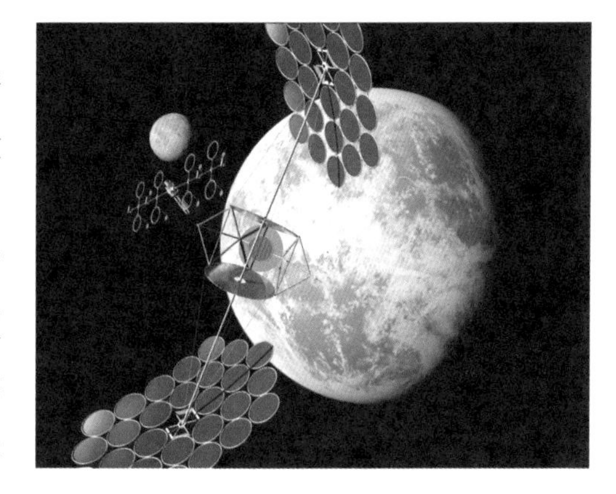

图3-20 集成对称聚光系统电站效果图

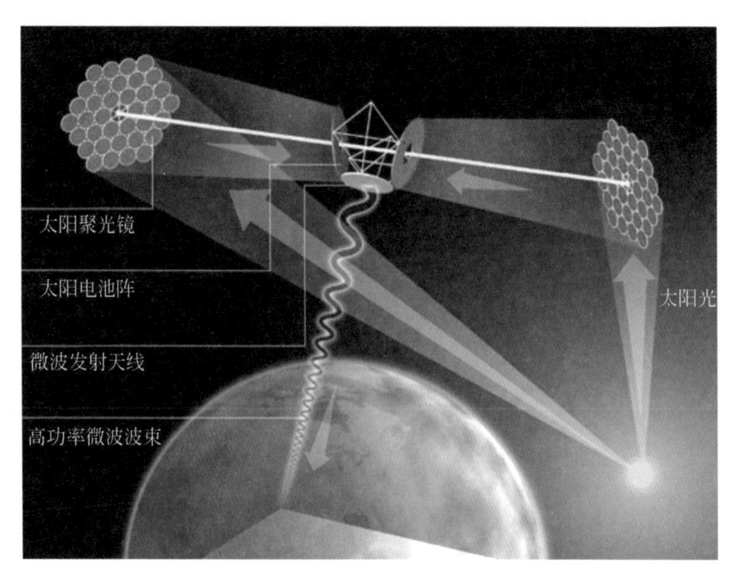

图3-21　集成对称聚光系统电站组成

两个大型太阳聚光镜对称布置形成蛤壳式结构，每个太阳聚光镜的尺寸约为3500m×2500m，焦距超过10km，由36个反射镜模块组成。每个反射镜模块为直径约500m的平面镜，镜面为0.5mm厚的聚酰亚胺（Kapton）材料，利用充气式结构安装在聚光镜主结构上，尽可能实现将太阳光反射到太阳电池阵，并保证一定的聚光均匀性。两个太阳电池阵的夹角为10°，位于结构中央的聚光镜焦点附近，直径为1070～1770m，平均聚光率约为4.25，预期太阳电池效率将达到39%，对应技术指标为1kW/kg和550W/m^2。微波发射天线布置在太阳电池阵下方，通过与太阳电池阵的连接接口进行高压供电。发射天线直径约为1km，采用2.45GHz或5.8GHz的微波，电力/微波转化效率预期可达到80%。两个太阳聚光镜与太阳电池阵通过长度约10km的桁架结构进行连接，整个系统的质量约为22500t。地面接收效率约为90%，接收天线的微波/电力转化效率预期可达到85%，最终发电量约1.2GW。

3.4.2　二次反射集成对称聚光系统

2007年，美国国防部国家安全空间办公室组织开展空间太阳能电站论证，提出二次反射集成对称聚光系统方案。二次反射集成对称聚光式空间太阳能电站包括两个主反射镜、两个二次反射镜和一个三明治结构板（图3-22）。主反射镜与ISC构型的聚光镜相似，由多个充气式展开聚光镜模块组成。二次反射镜为平面镜，位于主反射镜焦点附近两侧。三明治结构板由太阳电池阵和发射天线阵集成为一体，太阳电池阵位于三明治结构板上表面，接收二次反射镜反射的太阳光，发射天线阵位于三明治结构下表面并保持对地定向。主反射镜与二次反射镜、聚光系统与三明治结构通过桁架进行连接。主反射镜在轨道周期内通过旋转进行对日跟踪，将入射太阳光聚集在二次反射镜平面处，利用二次反射镜将太阳光反射到太阳电池阵上。对于这一方案，如何进行聚光系统的控制以保证整个轨道位置内太阳电池阵面上相对均匀的聚光分布以及高聚光比下三明治结构板的有效散热，具有很大的难度。

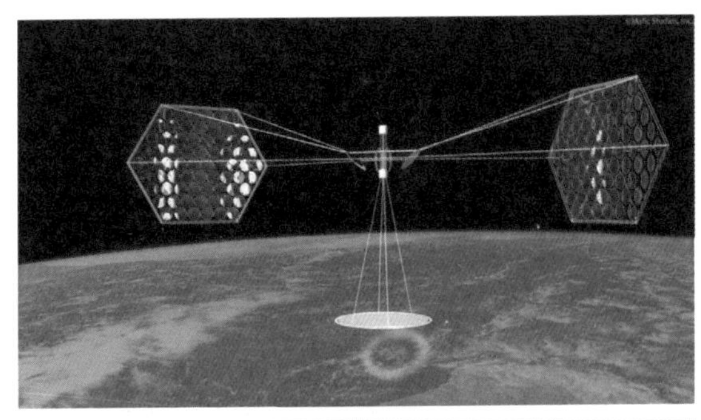

图3-22　二次反射集成对称聚光系统及接收天线效果图

3.4.3　任意相控阵空间太阳能电站

2011年，在NASA创新先进概念项目支持下，John C. Mankins提出了一种新型电站方案，名为任意相控阵空间太阳能电站（Solar Power Satellite via Arbitrarily Large Phased Array，SPS-ALPHA）。SPS-ALPHA方案是一种高度模块化的聚光型空间太阳能电站，采用了特殊的聚光系统，通过桁架结构与下方的三明治结构板相连接，形成重力梯度稳定。其核心思想是通过多个类似太阳帆的反射镜模块组成一个巨大的、无须整体调整的聚光系统，实现将太阳光聚集在三明治结构表面的太阳电池阵。由于其聚光系统复杂，SPS-ALPHA方案设计了多种可能的构型（图3-23），仍需根据聚光效果进行优化。对日跟踪过程中，每个镜面模块可单独调节以改变太阳光的反射方向，使太阳光直接入射或反射到太阳电池阵上，整个聚光系统的尺度将达到约5km。

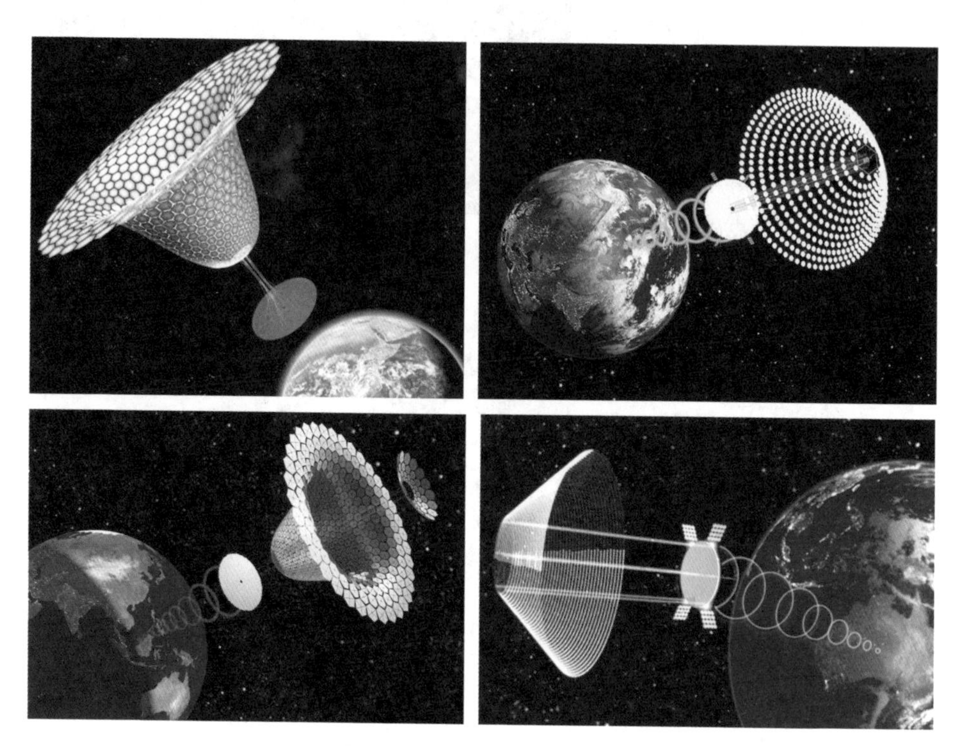

图3-23 不同SPS-ALPHA方案效果图

SPS-ALPHA方案包括了多种典型的模块：六边形框架模块、框架连接模块、桁架模块、反射镜模块、太阳电池模块、无线能量传输模块、机器人和姿轨控模块（表3-6）。三明治结构与二次反射集成对称聚光方案相同，太阳电池位于上表面面向聚光镜一侧，下表面为发射天线，指向地面。三明治结构的基本单元为六边形模块，由六边形框架模块、太阳电池模块和无线能量传输模块组成，六边形模块之间采用框架连接模块进行连接，最终形成直径达到1km的三明治结构。三明治结构上布设部分姿轨控模块，用于整个系统的轨道控制。聚光系统和三明治结构通过主桁架结构连接，相互之间位置固定。整个系统利用多个机器人模块实现模块间的协同组装。图3-24所示为SPS-ALPHA的发展路线建议，通过4～5个阶段，逐步从实验室样机到商业化应用。

表3-6 SPS-ALPHA的主要模块

模块	描述	图片	单个质量/kg
六边形框架模块	直径4m，是传输模块的主结构（包括无线通信等）	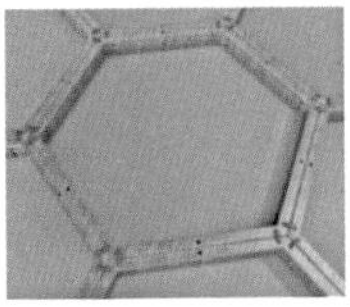	约25
框架连接模块	将六边形模块连接在一起	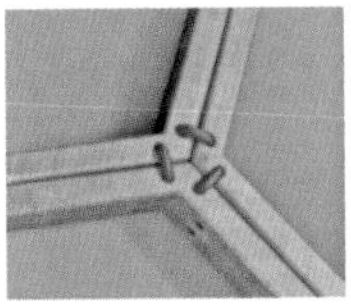	约1
桁架模块	反射面模块的主结构	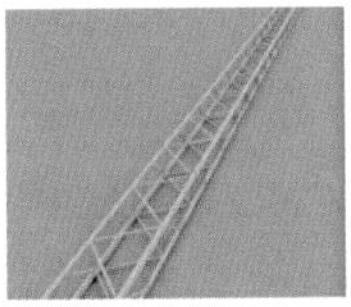	约50
反射镜模块	薄膜展开结构	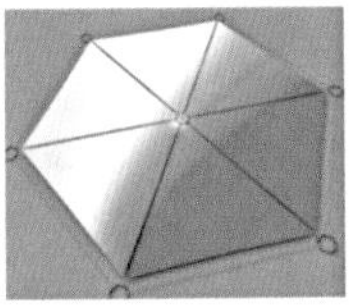	75～100
太阳电池模块	太阳电池		15～20
无线能量传输模块	WPT单元		约50
机器人	用于系统组装	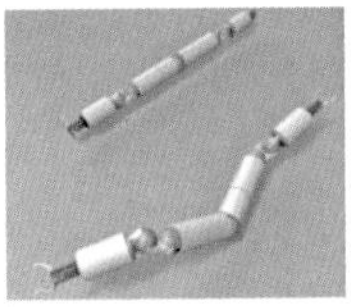	约10
姿轨控模块	用于系统姿轨控		50～500

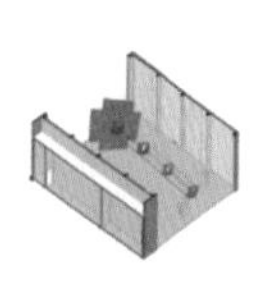

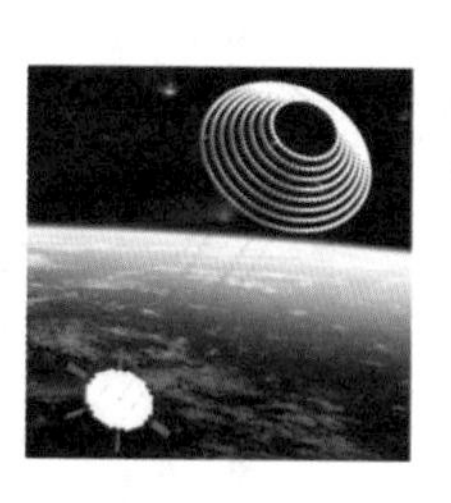
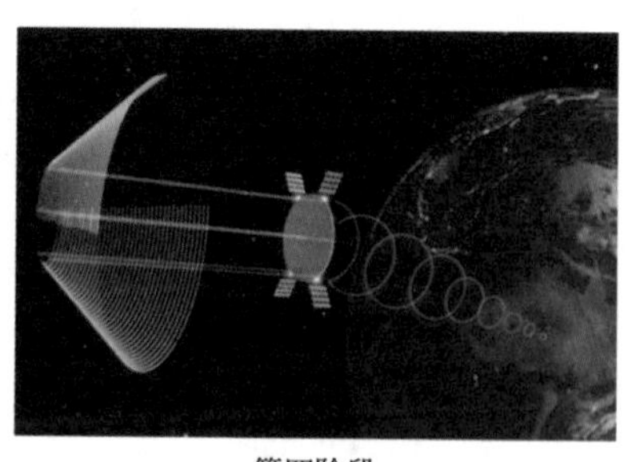

图3-24　SPS-ALPHA发展路线

3.4.4　SSPS-OMEGA空间太阳能电站

2014年，西安电子科技大学提出了一种基于球反射面聚焦的新型聚光电站方案——SSPS-OMEGA（Space Solar Power Station via Orb-shape Membrane Energy Gathering Array）（图3-25）。该系统主要包括球形聚光系统、太阳电池阵和微波发射天线阵三部分，其主要思想是采用无须进行调节的球形聚光系统以降低系统的控制难度。球形聚光系统为一个由多个薄膜平面反射镜模块组装成的球形结构，去除无法进行聚光的南北极部分，初始方案设想采用光学单向薄膜材料，即太阳光可以实现从正面入射，从背面反射。当太阳光从任意一个方向入射时，一部分太阳光将透过聚光镜并通过球形聚光系统的内表面反射到太阳电池阵结构表面。为了减小聚光比，提高太阳光的均匀性，太阳电池阵设计成一个锥形结构，并沿着球形聚光系统相对于聚光镜和发射天线阵做匀角速度的旋转，每天旋转一圈。太阳电池阵发出的电力通过电缆和导电滑轨传输到微波发射天线阵（图3-26）。在一种改进方案中，将环形滑

图3-25　SSPS-OMEGA空间太阳能电站效果图

轨改为位于天线上下两侧的两个导电旋转关节（图3-27）。微波频率选5.8GHz，微波发射天线阵为平面阵列，直径为1.2km，位于球面中心，天线阵通过6根绳索连接于聚光系统的南北区域以进行天线的指向调整，保持天线对地定向。

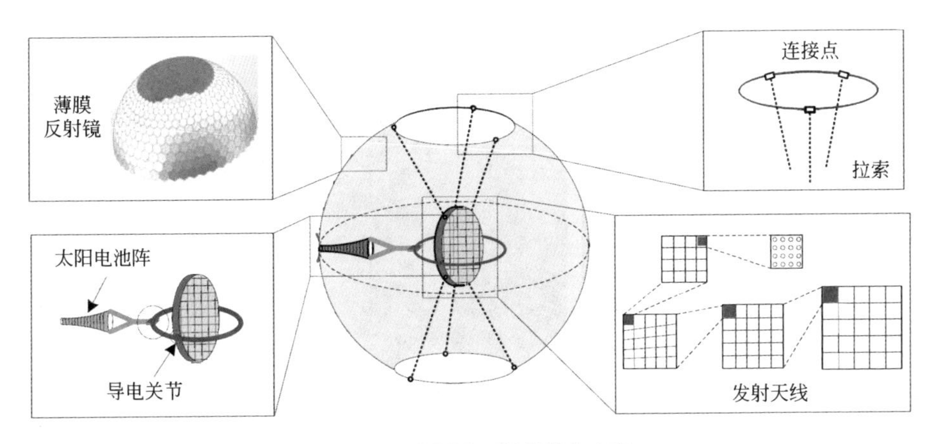

图3-26 SSPS-OMEGA方案

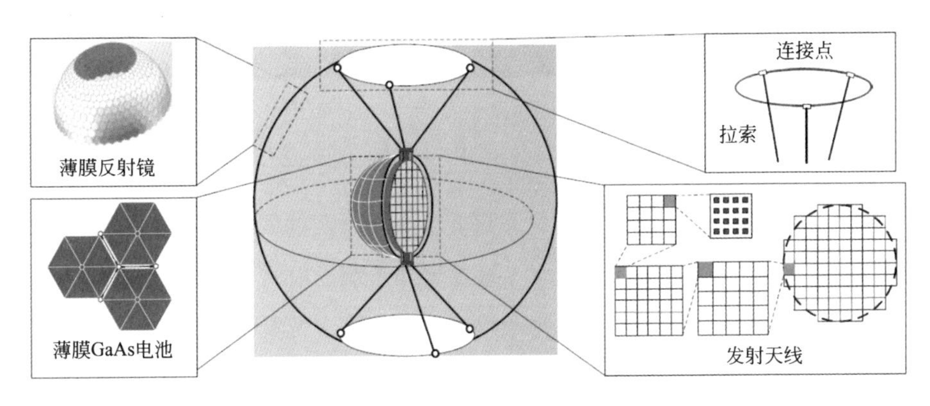

图3-27 SSPS-OMEGA改进方案

3.4.5 CASSIOPeiA空间太阳能电站

2017年，英国的Ian Cash提出了一种新型的空间太阳能电站方案——CASSIOPeiA（Constant Aperture，Solid State，Integrated，Orbital Phased Array）。该方案设计成一个异型的曲面结构体，采用多层结构组成类似于生物学DNA的双螺旋结构，每一层都包括多个局部聚光太阳电池阵以及可以在360° 方向控制波束的特殊发射天线（图3-28）。其中，聚光太阳电池阵采用了基于菲涅耳透镜和科勒光学的局部聚光系统，既降低了太阳电池的用量，也提高了光电转化效率，对于四结砷化镓电池技术，在508个太阳常数光照下可以达到46%的转化效率。通过可以360° 波束方向控制的特殊发射天线，在不采用旋转部件的情况下，实现在轨道周期内微波发射天线持续对地进行能量传输。

(a)2017方案

(b)2018方案

图3-28　CASSIOPeiA的概念效果图

在2017方案设计中，局部聚光系统安装在每一层的侧边上，每层顺序保持对日定向，太阳光沿水平方向入射，通过聚光系统反射将太阳光汇聚到安装在层状结构表面的聚光电池模块，每一层的发电随轨道位置而发生变化。在2018方案设计中，在整个结构的上方和下方各增加了一套聚光系统，具体聚光系统的规模根据聚光比确定。聚光系统与电站主体结构保持固定连接，聚光系统维持对日定向，并且将太阳光从上下两个方向向电站主体结构进行反射，反射光到达每层结构的上下表面。可照射到太阳光的表面均安装平面菲涅耳聚光器和聚光电池模块，这样可以保证发电的稳定，产生的电力可以直接传输给对应部位的微波发射天线（图3-29）。最新的方案见图3-30，相应结构对应的发射天线直径为1.7km，包括50000层PV/RF组合结构，上下各一套固定聚光系统，可实现2倍聚光，设计发电量为2GW，整体质量为2000t。

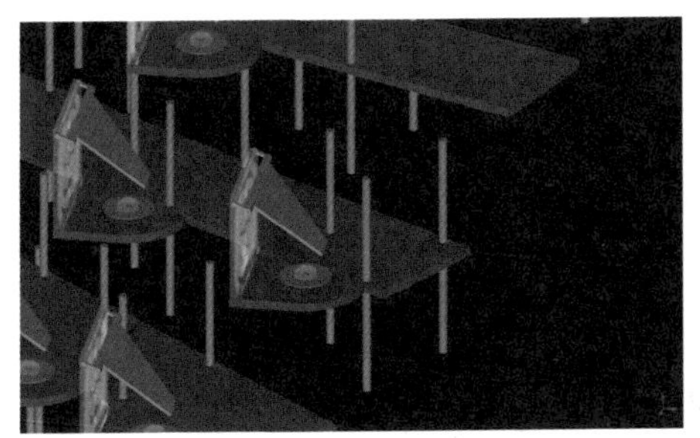

(a)2017方案

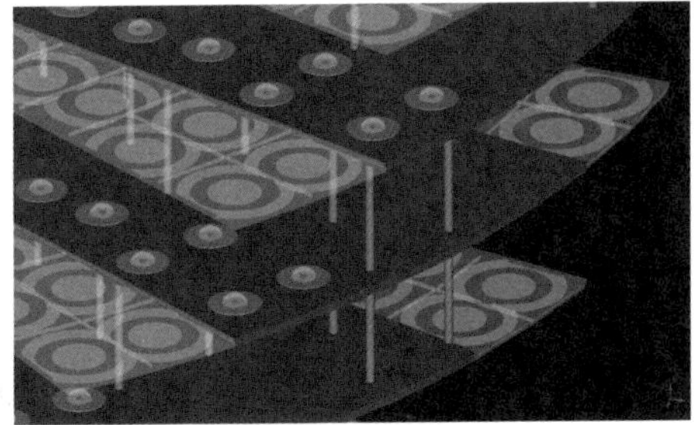

(b)2018方案

图3-29 CASSIOPeiA聚光电池模块及微波发射天线

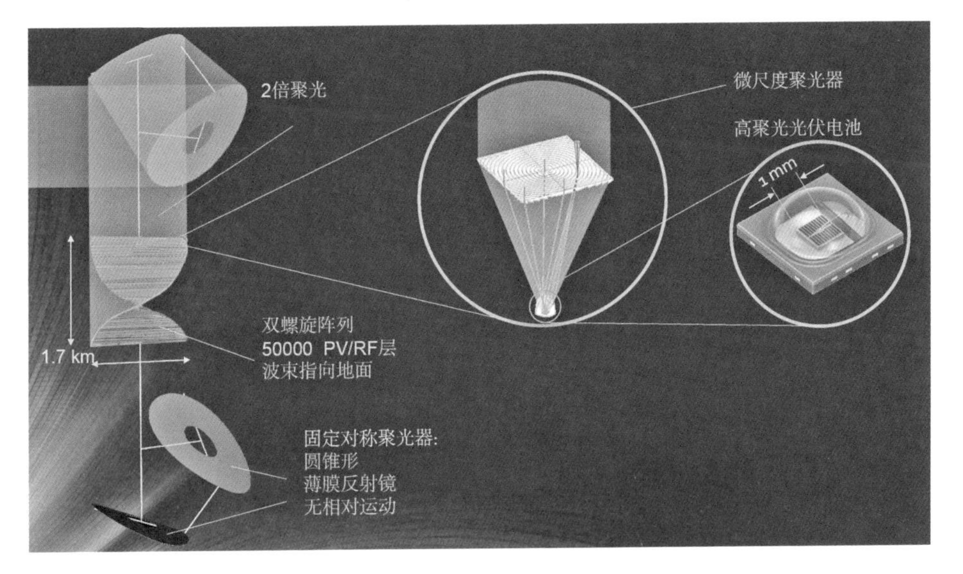

图3-30 CASSIOPeiA概念效果图（2021方案）

3.5 激光传输空间太阳能电站

3.5.1 激光传输空间太阳能电站

由于激光的大气透过性、效率和安全性等问题，目前提出的高功率空间太阳能电站方案基本以微波能量传输为主。而激光能量传输光束窄、指向控制灵活，适合于进行向地面的小规模供电应用以及空间能量传输应用，特别适合于月球探测等特殊的深空探测供电应用。其最重要的特点是可以通过多套分散的激光发射系统分别进行能量传输（图3-31），直接在接收端进行能量叠加，而无须像微波能量传输那样必须通过一个完整的微波发射天线进行能量发射，这样大大降低了整体结构和电力传输管理的复杂性。

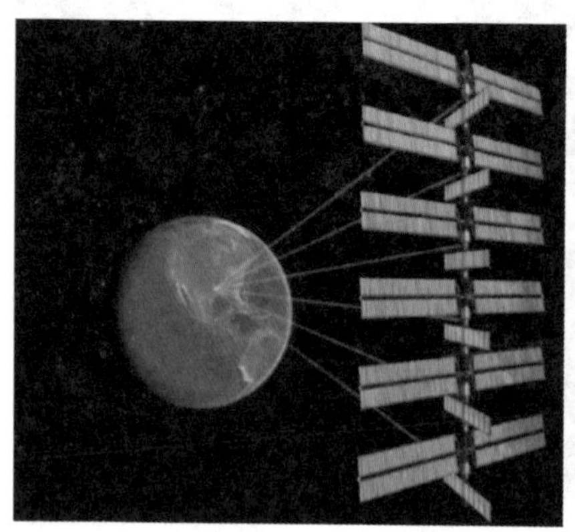

图3-31　激光传输空间太阳能电站效果图

2002年，波音公司提出名为天光（Skylight）的激光传输空间太阳能电站概念（图3-32）。该方案由10组激光发射单元并联而成。每组激光发射单元包括一对国际空间站采用的太阳电池阵、一套激光器及发射装置和相关的电站平台设备。电站总长度为170m，可以产生2.7MW电力，考虑30%的激光转化效率，总的发射激光功率接近1MW。而对于GW级电站概念，整个系统由1530个大型激光发射单元组成，每个激光发射单元对应的电池阵尺寸为260m×36m，电站总长度达到55km（图3-33）。

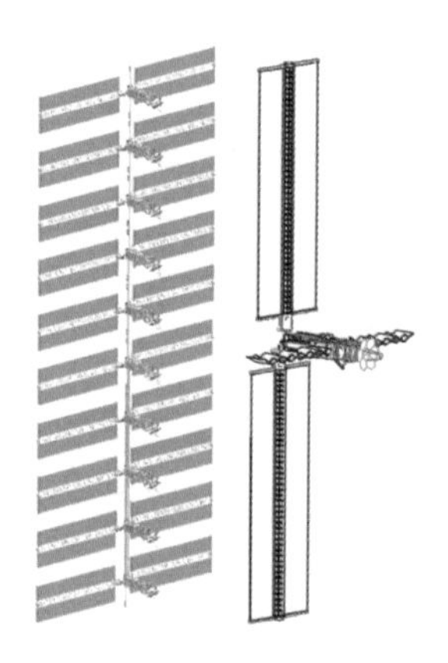

图3-32　Skylight激光传输空间太阳能电站概念

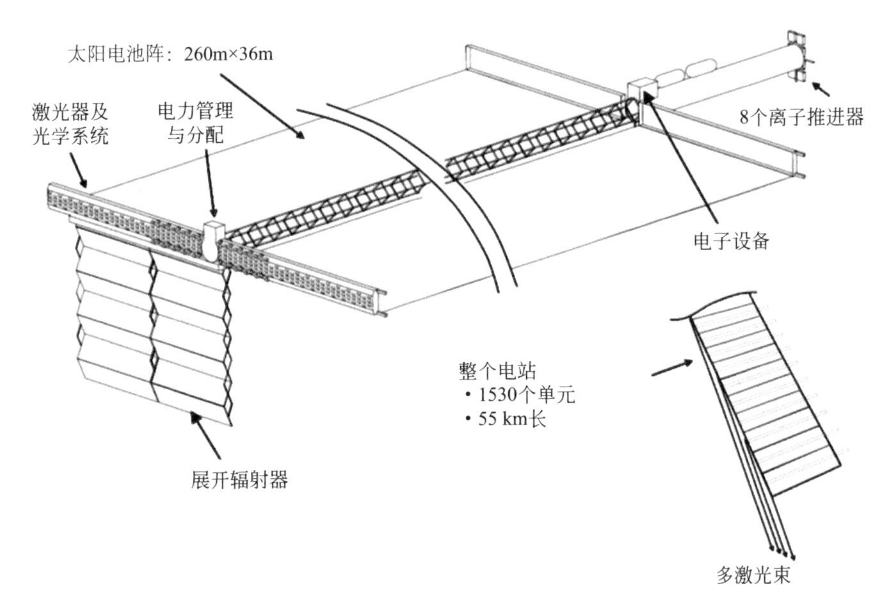

图3-33　GW级激光传输空间太阳能电站概念

3.5.2　太阳光直接泵浦激光空间太阳能电站

激光除了利用电光转化外，还有一种特殊的光光转化方式，即直接将太阳光转化为激光的方式。太阳光直接泵浦激光，通过高聚光系统，实现极高功率密度的太阳光照射激光晶体直接产生激光（图3-34）。该方案由于减少了光电、电

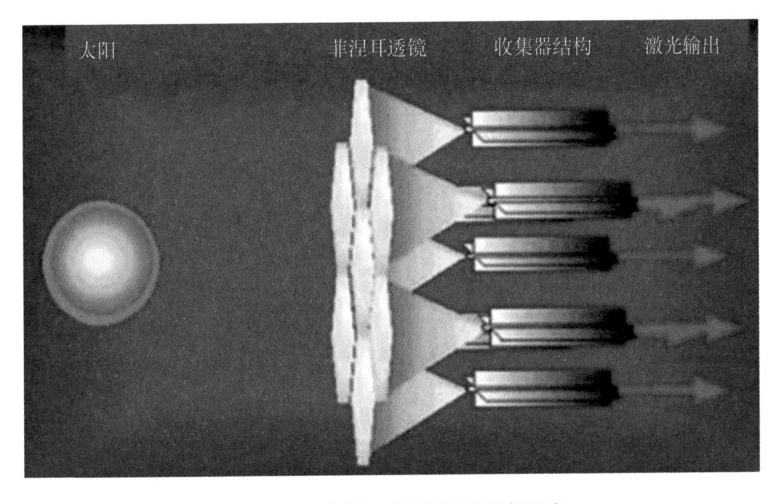

图3-34　太阳光直接泵浦激光示意

光能量转化环节，具有一定的优势，但由于目前的转化效率较低，仍处于初步研究阶段。JAXA提出的太阳光直接泵浦激光空间太阳能电站采用超大型太阳聚光镜进行太阳光的高聚光比汇聚，聚集的太阳光照射到激光介质，利用直接泵浦激光方式产生激光，激光经过调整后通过光学系统进行能量传输，接收端采用与相应激光频率匹配的特定激光电池接收激光并将其转化为电力。

图3-35所示为一个10MW太阳光直接泵浦激光太阳能电站单元，它由一对太阳聚光镜、一个包含激光器介质的激光器、热辐射器、激光发射系统和平台系统组成。激光器可采用的激光介质包括蓝宝石或YAG（钇铝石榴石）激光晶体，输出激光波长为1064nm。太阳聚光镜为对称结构，为了获得所需的太阳光辐射强度，其宽度达到200m，高度为100m，通过线聚焦聚光到100m长的太阳光泵浦激光器，通过其中的激光介质产生激光，预期转化效率达到19%。聚光处功率密度非常高，激光介质需要采用液体冷却组合热辐射方式进行温度控制，利用流体回路吸收激光器产生的废热，通过热辐射器进行散热，热辐射器的尺寸为100m×200m。由于聚光比达到数百倍，激光器的转化效率和系统的散热成为关键因素。聚光镜在轨道运行过程中始终保持对日定向，激光对接收端的指向则依靠激光发射系统调整实现。对于一个GW级太阳光直接泵浦激光空间太阳能电站（图3-36），由100个10MW太

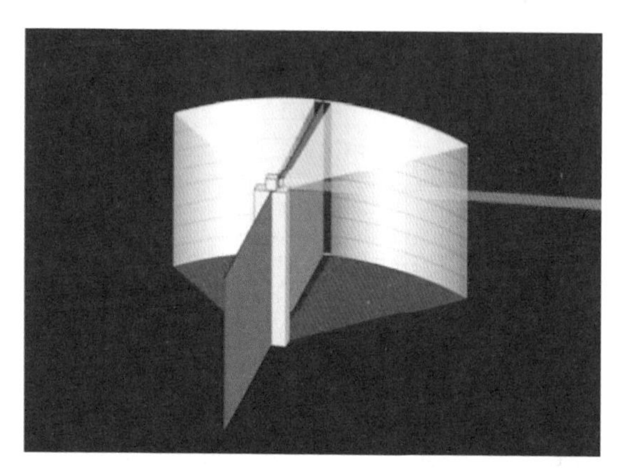

图3-35　太阳光直接泵浦激光太阳能电站单元

图3-36　GW级太阳光直接泵浦激光太阳能电站效果图

阳光直接泵浦激光太阳能电站单元并联组成。

3.6 月球太阳能电站

除地球轨道空间太阳能电站外，在月球表面建立太阳能电站能一周7天、一天24小时不间断发电，并通过无线能量传输方式向地球持续提供清洁能源。月球太阳能电站概念由美国David R. Criswell博士于1986年提出。

月表环境非常适合进行大面积太阳能发电。月表为真空环境，太阳光照条件稳定；月表面积巨大，可以布设极大面积的太阳电池板；月表非常宁静，太阳电池表面不会受到污染；月球的一面始终面对地球，适合安装能量传输装置；月球资源丰富，适合直接利用原位资源进行太阳能电站的建设，包括原位生产太阳电池（硅电池）、传输电缆、电站结构等。存在的问题主要包括：考虑到月球与太阳的相对位置，需要在月球赤道一圈内均铺设太阳电池板连续发电，利用电缆将电力传输到能量发射装置（微波发射天线和激光发射装置），实现连续能量传输；由于地球的自转，需要在地球表面或地球轨道上建设多个能量接收站，以实现能量的连续接收。

2009年，日本的清水建筑公司（Shimizu Corporation）提出一个在月球建设太阳能电站的宏伟计划——“月环”（Luna Ring）。该计划设想围绕月球的赤道（约1.1万公里）建一条太阳能发电带，然后将电能转化为微波或激光发送回地球，地面接收微波或激光并重新转化为电能（图3-37）。“月环”太阳能发电带的最初宽度为公里

图3-37　月球太阳能电站概念

级，之后可以逐渐扩展至400km。太阳电池板生成的电力通过电缆输送至面向地球的多个能量发射装置，以激光或微波（微波传输天线直径约20km）的形式向地面的多个接收站进行能量传输。“月环”工程巨大，该设想最大限度上通过利用各种自主设备进行月球资源原位利用来进行建设，部分材料需要从地球进行运输。

第4章

空间大功率太阳能发电系统

4.1 空间太阳能发电方式

空间太阳能发电技术是影响整个空间太阳能电站系统效率、体积和重量的最主要因素之一，是电站截面积的决定性因素。在空间利用太阳能发电有几种方式，如图4-1所示。

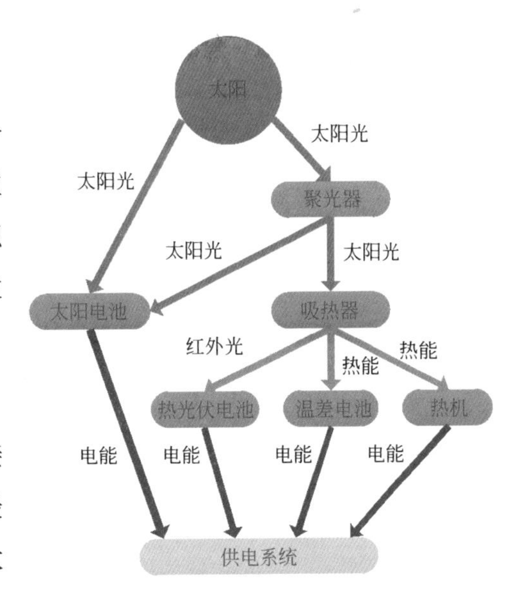

图4-1　不同空间太阳能发电方式

（1）太阳光伏发电

利用太阳电池通过光伏作用直接接收太阳光进行发电，是空间应用最为广泛的发电方式。目前，空间用太阳电池发电效率已达30%以上。

（2）太阳聚光光伏发电

利用聚光器将太阳光汇聚后，照射太阳电池进行发电，可以减小太阳电池的面积，提高电池发电效率，可用于特殊发电系统设计，已经在空间得到应用。

（3）太阳聚光热动力发电

利用聚光器将太阳光汇聚到吸热器，之后通过吸热器的工质驱动热机发

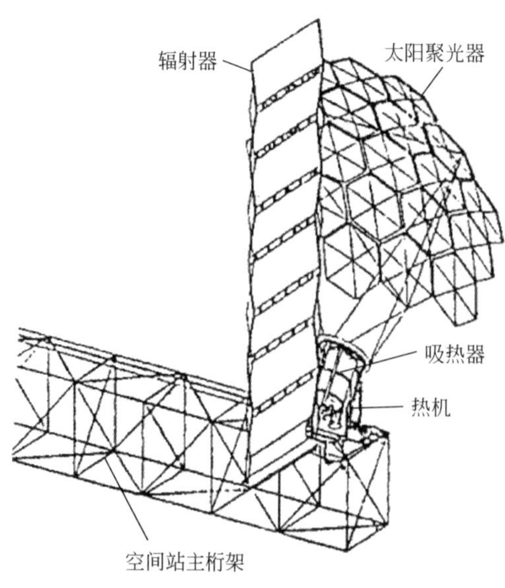

图4-2　太阳聚光热动力发电

电。空间主要考虑采用布雷顿（Brayton）或斯特林（Stirling）热机发电方式，发电效率较高，配合高温蓄热器可以实现阴影期的供电，如图4-2所示。该方式在20世纪90年代曾作为美国空间站的主要供电方案进行研究，并且研制了2kW地面样机，由于系统复杂、存在长期的运动部件，可靠性有待验证，后来随着光伏发电技术和储能技术的进步，未得到实际应用。

（4）太阳聚光温差发电

利用聚光器将太阳光汇聚到吸热器，之后依靠热电偶温差电池两端的温度差，利用塞贝克效应进行发电。目前温差发电方式广泛应用在深空探测器的同位素核电源中，如美国毅力号火星车采用了碲化铅（PbTe）/TAGS（碲、银、锗、锑组合材料）中温区热电材料，热端温度和冷端温度分别为550℃和165℃，如图4-3所示。

（5）太阳聚光热光伏发电

利用聚光器将太阳光汇聚到吸热器产生1000℃以上高温，之后利用热光伏电池吸收高温红外辐射（0.8～2μm）进行光伏发电，主要选用的电池材料为GaSb和InGaAs，发电效率有望达到20%，其发电过程如图4-4所示。目前，该发电方式还未在空间得到应用。

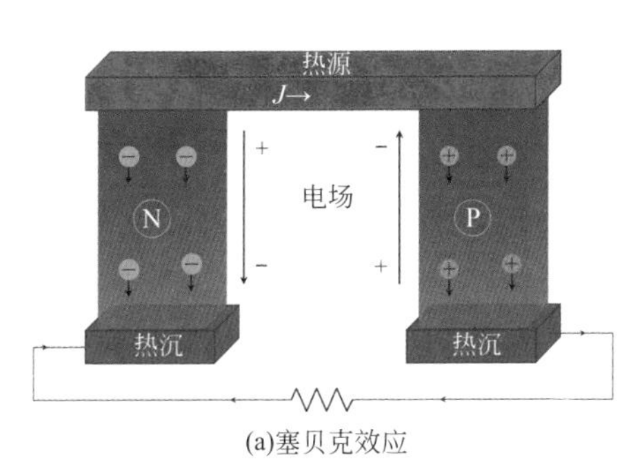

(a)塞贝克效应

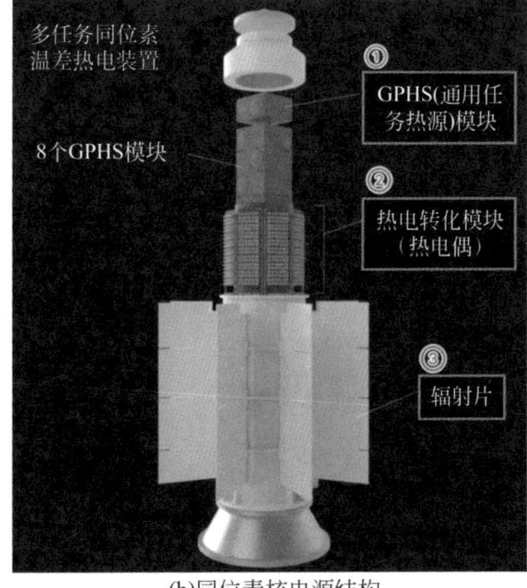

(b)同位素核电源结构

(c)美国毅力号火星车

图4-3　塞贝克效应、同位素核电源结构及美国的毅力号火星车

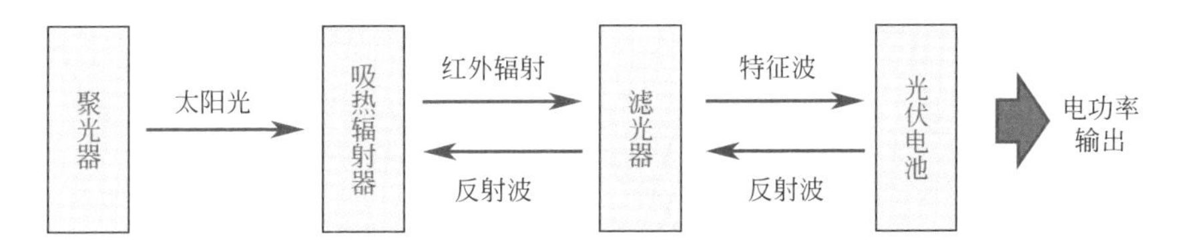

图4-4　太阳聚光热光伏发电示意图

4.2　空间用太阳电池

空间太阳电池主要经历了硅太阳电池、砷化镓（GaAs）太阳电池和薄膜太阳电池的发展历程。早期的航天器普遍采用单晶硅太阳电池，后逐渐被具有高效率和良好空间防辐射性能的GaAs太阳电池取代，目前使用最广泛的是三结

GaAs太阳电池，其在轨光电转化效率已超过30%。随着大型航天器对高功率发电的需求，薄膜太阳电池成为重要发展方向，主要包括薄膜硅电池、CIGS薄膜电池和薄膜GaAs电池。而聚光太阳电池因其可以减少电池的用量、提高发电效率以及适合于实现高压电池阵，也得到了发展。为了实现更高的效率、更小的质量和更低的成本，空间太阳电池主要的发展方向包括刚性太阳电池、薄膜太阳电池以及聚光太阳电池的空间应用。

（1）刚性太阳电池

① 硅太阳电池。硅太阳电池是世界上最早研制的太阳电池，在地面太阳能发电和早期的空间领域得到了广泛的应用，目前在空间主要用于低成本商业卫星。硅太阳电池又可分为单晶硅太阳电池、多晶硅太阳电池和非晶硅太阳电池三种，目前单晶硅和多晶硅太阳电池的最高光电转化效率分别为26.1%和24.2%。

② GaAs电池。不同的半导体材料有不同的带隙，如图4-5所示。GaAs电池是一种多元化合物电池，属于Ⅲ–Ⅴ族化合物电池。GaAs的带隙宽度为1.42eV，与太阳光谱匹配程度高，具有光电转化效率高、耐高温、耐空间辐射等优点。由于单结GaAs电池只对特定较窄波段区域的光谱产生响应，其光电转化效率受到局限，目前达到的最高转化效率为27.8%。

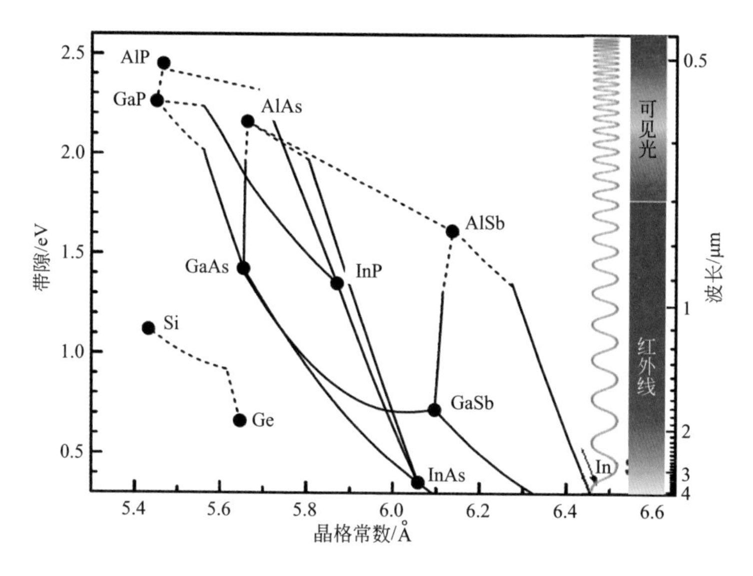

图4-5　不同半导体材料的带隙

为了实现更高的电池效率，必须利用更宽的太阳光谱范围，需要面向不同谱段，通过增加子电池结数进行精细的光谱匹配，将不同半导体材料的P-N结按照禁带宽度自底向上递增的顺序叠加排列，使高能量的光子在上层宽禁带结被吸收，低能量的光子在下层窄禁带结被吸收，可以有效提高太阳电池的转化效率。图4-6给出了典型的Ⅲ-Ⅴ族三结砷化镓电池（GaInP/InGaAs/Ge）结构，其中GaInP、InGaAs、Ge分别匹配300～650nm、650～950nm、950～1800nm谱段，从而尽可能地利用太阳光谱段实现高效光电转化，目前实现的最高实验室光电转化效率为39.5%。未来将向着四结及以上的多结技术方向发展，但结数越多，制作工艺越复杂，对于结构的匹配要求越高，实际工程应用具有很大的技术难度。

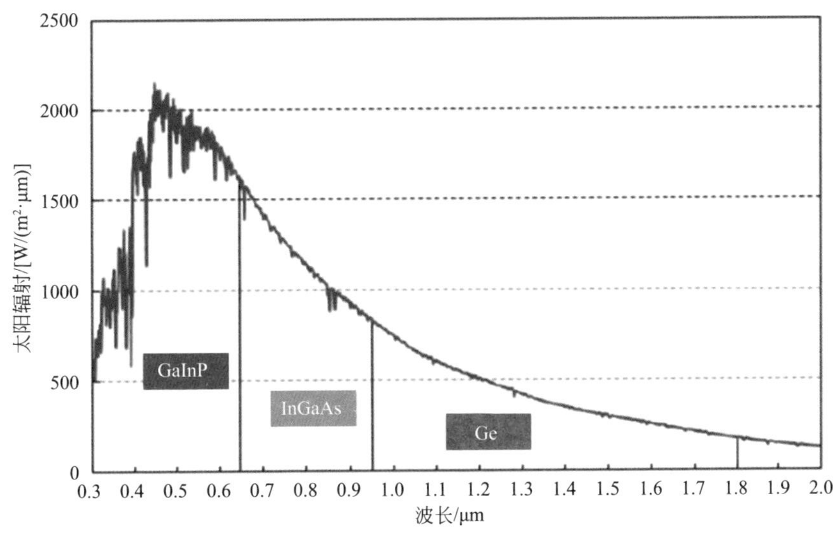

图4-6　三结GaAs电池结构及其吸收谱段

（2）薄膜太阳电池

传统的空间太阳电池是刚性电池，为了满足大型太阳电池阵的折叠展开要求以及轻量化需求，需要发展具有良好抗弯曲性能的薄膜太阳电池。目前发展的柔性太阳电池的种类主要包括晶硅薄膜太阳电池、非晶硅薄膜太阳电池、铜铟镓硒（CIGS）薄膜太阳电池、CdTe薄膜太阳电池、GaAs薄膜太阳电池、钙钛矿太阳电池等。考虑到技术成熟度、效率和成本等因素，薄膜太阳电池还未在空间得到大规模实际应用，其中非晶硅薄膜太阳电池曾用于日本的IKAROS太阳帆试验任务（图4-7）。从近中期来看，最有可能在空间得到广泛实际应用的柔性太阳电池包括CIGS薄膜太阳电池和GaAs薄膜太阳电池，钙钛矿太阳电池随着技术的成熟也有可能在空间得到实际应用。

图4-7　IKAROS太阳帆及其应用的薄膜太阳电池

① CIGS薄膜太阳电池。铜铟镓硒是Ⅰ-Ⅲ-Ⅵ族四元化合物半导体，是$CuInSe_2$和$CuGaSe_2$的混晶半导体，通过改变Ga、In元素的含量，其能带值在1.02～1.67eV范围内连续可调。CIGS薄膜太阳电池通常结构为衬底（Mo）、背电极（CIGS）、吸收层（CdS）、缓冲层（i-ZnO层/TCO层/Ni-Al-Ni）、金属栅线电极。CIGS薄膜太阳电池具有效率高、吸收系数高、抗辐射能力强、弱光性好、成本低等优点，理论转化效率大于30%，目前实现的最高转化效率为26.7%。由于铜铟镓硒电池可以采用基于印刷技术的连续卷对卷制备工艺，可以实现工业化生产并大幅降低制造成本，同时易于实现大面积电池的生产，降低电池组件的制造难度（图4-8）。

② GaAs薄膜太阳电池。GaAs电池一般以锗为衬底，衬底厚度为145～175μm，而三结GaAs电池本身的厚度仅有约10μm，锗衬底决定了整个GaAs电池的刚性。因此，GaAs薄膜太阳电池的核心是采用薄的柔性衬底取代厚的刚性衬底，目前主要采用聚酰亚胺薄膜衬底，同时需要采用特殊的倒装制造工艺。主要制备过程为：首先在GaAs（或Ge）衬底上生长GaInP顶电池，其次是中间

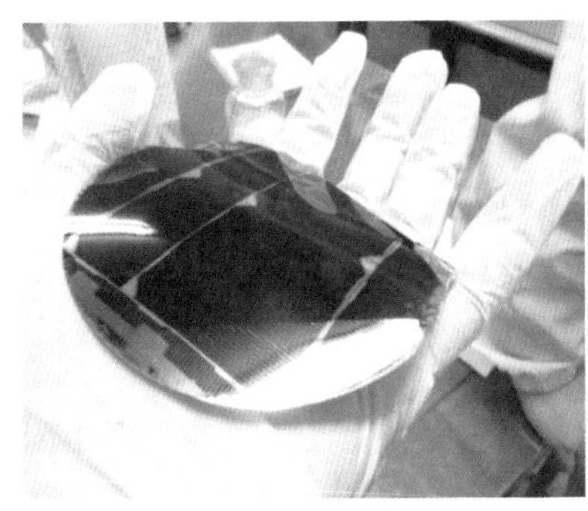

图4-8　CIGS薄膜太阳电池样品

电池和底电池，然后将外延层通过键合技术移植到聚酰亚胺薄膜上，再采用化学方法去除原始的GaAs衬底，将太阳电池的顶部暴露出来，最后通过柔性电池器件工艺优化，得到高效轻质的柔性GaAs薄膜太阳电池（图4-9）。目前，国内已经制备出的GaAs薄膜太阳电池转化效率超过30%（AM0，25℃），质量比功率达到2000W/kg以上。

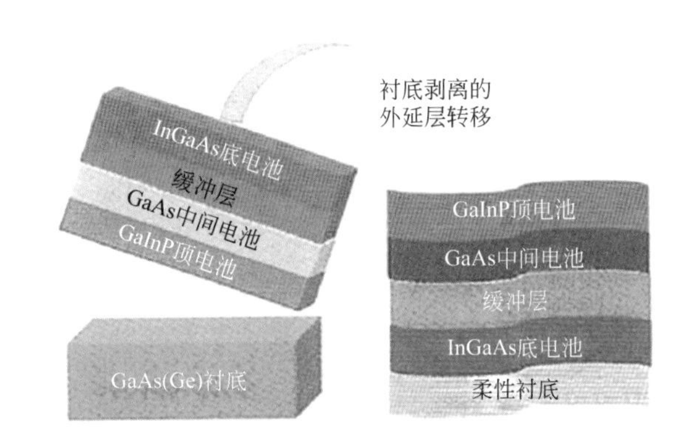

图4-9　GaAs薄膜太阳电池结构及样品

（3）聚光太阳电池

聚光太阳电池研究的初衷是通过采用低成本的聚光系统减少太阳电池的用量来降低发电系统成本。由于聚光太阳电池表面的太阳辐射强度达到数倍太阳常数，直接效果是太阳电池的短路电流与聚光比呈线性关系增加，同时开路电压随聚光比呈近对数关系增加，而电池转化效率随着聚光比的增加呈先增后减的趋势，主要是内部电阻的影响，因此，聚光电池在设计上要尽可能降低电阻损失，同时经过结构优化设计实现更高的转化效率。目前，三结GaAs聚光电池最高光电转化效率达到44.4%（较非聚光电池高4.9%），六结GaAs聚光电池最高实验室光电转化效率达到47.1%。多结GaAs聚光电池的高效率使其在空间具有较好的应用前景。由于聚光太阳电池需要在非常高的太阳辐射强度下工作，电池的有效散热成为其关键技术之一。

4.3 空间太阳电池阵

4.3.1 典型空间太阳电池阵

典型空间太阳电池阵主要包括体装式、刚性展开式、半刚性展开式和柔性展开式，目前的技术发展方向是高输出功率、长工作寿命、高质量比功率、高面积比功率、低收拢体积，聚光太阳电池阵也是重要发展方向之一。

体装式太阳电池阵是将太阳电池直接布设在卫星星体表面，结构简单，但功率扩展受到限制，只适用于对输出功率需求较低的航天器［图4-10（a)]。

刚性展开式太阳电池阵是目前航天器主要使用的太阳电池阵构型，采用在刚性基板（一般为铝蜂窝板）上布设刚性太阳电池和电池阵电路的方式，一般由多个电池阵结构子阵组成，在发射阶段通过折叠收拢方式压紧在卫星星体表面，入轨后采用一维或二维展开方式形成较大面积的太阳电池阵［图4-10（b)]。刚性太阳电池阵的结构简单、刚度较大，便于通过子阵扩展实现大功率发电，但整体的质量和收拢体积较大，比功率较低。

半刚性基板是在刚性太阳电池阵基础上将刚性基板替换为由碳纤维增强复合材料框架和纤维编织网组成的基板，将刚性电池布设在纤维编织网上［图4-10

(c)]，在不影响展开和力学性能的情况下，可以降低电池阵的总体质量，提高比功率。半刚性基板已成功应用于我国发射的“天宫”空间实验室和DFH-5号通信卫星。

对于空间站等超大功率航天器的应用需求，为了满足高功率、高质量比、高收拢展开比的超大型太阳电池阵需求，柔性太阳电池阵成为必然的发展方向。柔性太阳电池阵采用柔性基板，粘贴刚性或薄膜太阳电池和柔性电池电路，具有收拢包络小、重量轻、比功率高等优点，是未来超大功率航天器的发展趋势。

(a) 体装式太阳电池阵

(b) 刚性展开式太阳电池阵

(c) 半刚性基板

图4-10　几种太阳电池阵的典型应用

4.3.2　空间聚光太阳电池阵

聚光太阳电池阵基于聚光太阳电池技术，利用聚光器通过点聚焦、线聚焦或面聚焦的方式在太阳电池单体、太阳电池组件或太阳电池阵上形成高聚光比入射太阳光，可以提升空间太阳电池的效率和利用率，降低系统成本，并可以

图4-11　DART卫星试验的V形反射式聚光太阳电池阵

实现特殊的航天器构型以及高压电力输出。按照聚光器聚光方式，主要可以分为反射式和折射式。目前研究的聚光器结构形式主要包括V形反射式结构、抛物面反射式结构、菲涅耳透镜折射式结构、整体反射式结构等。

V形反射式聚光太阳电池阵如图4-11所示，电池阵两边为聚光器，初始为压紧平面状态，展开后形成所需形状，将太阳光汇聚到位于中间的太阳电池组件上，考虑到散热因素，一般聚光比为2～4倍。在美国DART卫星的太阳电池阵上正在验证新开发的V形反射式聚光太阳电池阵（图4-11）。V形反射式聚光太阳电池阵技术的主要难点在于聚光器空间环境适应性以及形面保持，其对太阳光入射方向十分敏感（图4-12）。

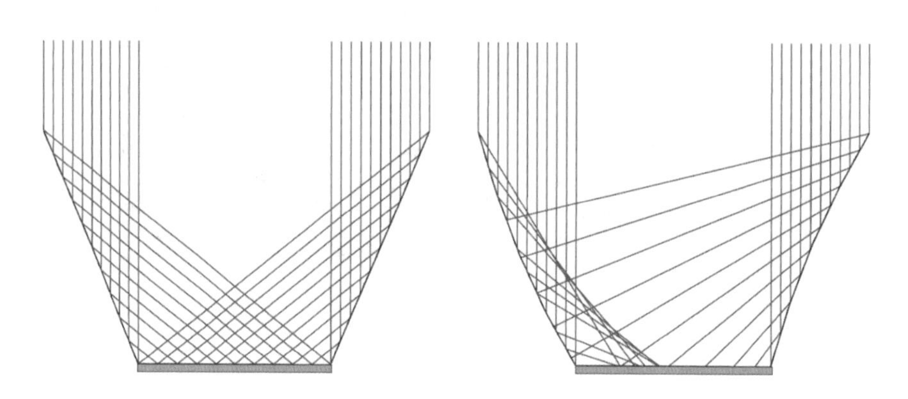

图4-12　聚光器形变对聚光性能的影响

抛物面反射式聚光太阳电池阵的代表是Caltech为空间太阳能电站开发的新型柔性电池阵，如图4-13所示。该组件由多个抛物面聚光器组成，每个抛物面聚光器采用线聚焦方式将太阳光汇聚到前一个聚光器背面的聚光太阳电池条带上，以实现高效率轻质太阳电池阵。由于该方案对聚光器的形面精度要求非常高，实现困难，Caltech团队已经调整为采用平面薄膜电池阵的方式。

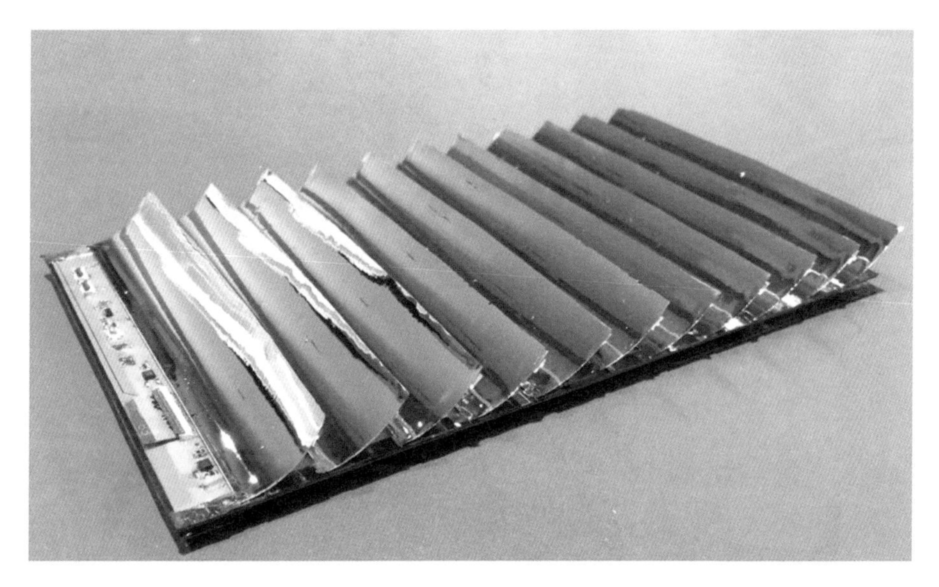

图4-13　Caltech研制的抛物面反射式聚光太阳电池阵

菲涅耳透镜折射式聚光太阳电池阵采用优化设计的平面、柱面或球面高透过率菲涅耳透镜，将太阳光汇聚到太阳电池条带或太阳电池单体上，实现高效率发电（图4-14），在美国“深空1号”（DS-1）探测器上得到成功应用。美国ENTECH公司研制的Stretched Lens Array（SLA）是代表性方案，电池单元及电池阵样机如图4-15所示。菲涅耳透镜初始处于平面压紧状态，释放后形成所需聚光结构实现线聚焦，透镜的厚度为14μm。该方案的优点包括：可实现10倍以上的高聚光比，如果设计为点聚焦，则可实现更大的聚光比；可以容忍较大的入射太阳辐射偏差；底面整体可以作为太阳电池条带的散热面，散热条件好；电池间距大，可以降低高压放电的风险，能够实现千伏（kV）级高压输出。菲涅耳透镜在空间环境下的长期工作性能是影响该技术应用的重要因素。

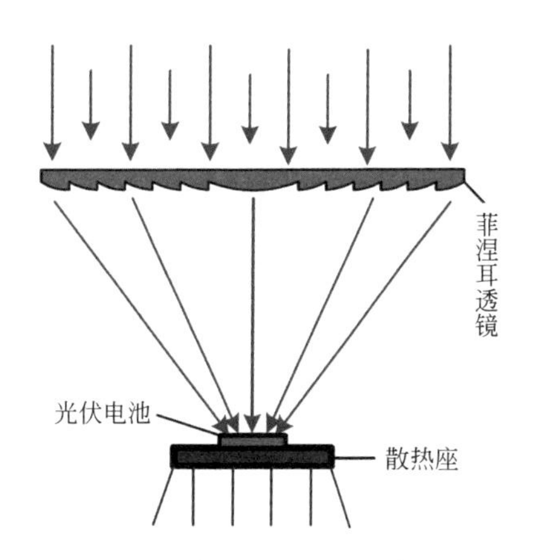

图4-14　菲涅耳透镜折射式聚光太阳电池示意图

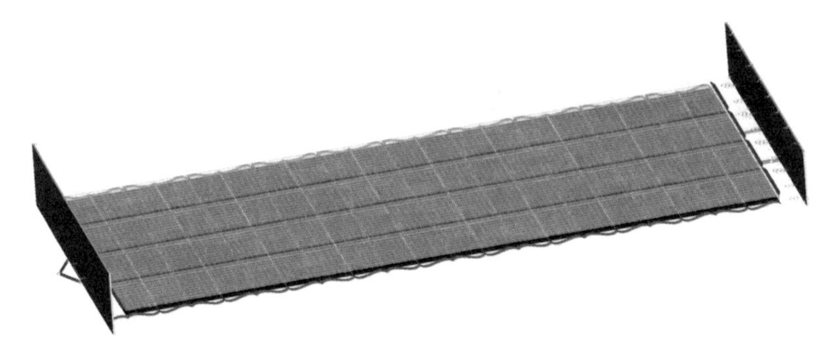

图4-15　Stretched Lens Array电池单元及组成的电池阵

整体反射式聚光太阳电池阵是指利用多个反射器形成大型的抛物面、球面或其他形状的聚光系统，将太阳光汇聚到太阳电池阵面上，形成完整的聚光太阳电池阵。空间太阳能电站设计中聚光型电站是一个重要方向，典型代表包括二次反射集成对称聚光系统（图4-16）、SPS-ALPHA、SSPS-OMEGA、CASSIOPeiA等电站方案。其中，前两个方案分别采用了抛物面和异型聚光系统配合平面太阳电池阵，SSPS-OMEGA采用球面聚光系统配合纺锤形太阳电池阵（图4-17），而CASSIOPeiA则综合采用了平面反射式聚光器、平面菲涅耳透镜和球面菲涅耳透镜以实现高聚光电池单元。聚光太阳电池阵的技术难点包括高均匀光照聚光系统以及高聚光比太阳电池阵的散热。图4-18给出了二次反射集成对称聚光系统不同轨道位置的聚光特性，可以看出存在较大的不均匀性。而SSPS-OMEGA为了尽可能降低太阳电池表面光照不均匀性以及提高散热性能，采用了纺锤形太阳电池阵构型（图4-19），并且设计了光谱选择性涂层以减少太阳电池阵吸收无用的太阳光（图4-20）。

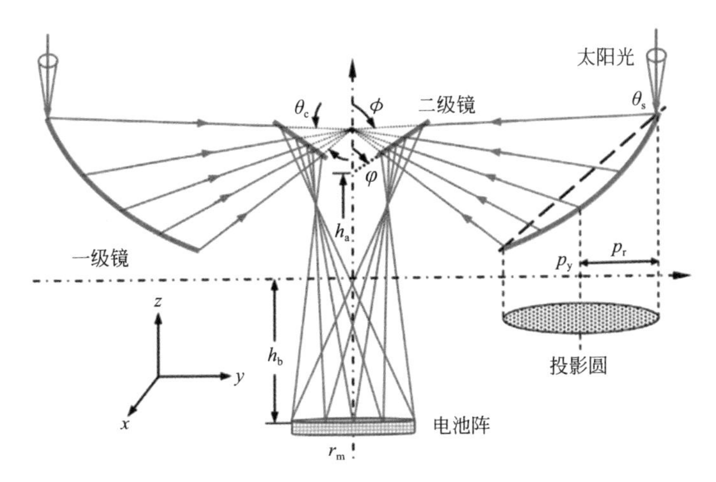

图4-16　二次反射集成对称聚光系统示意图

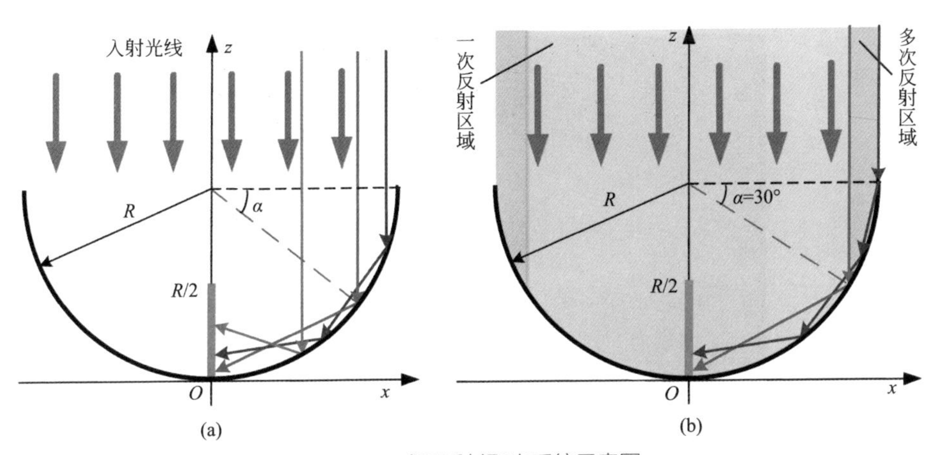

图4-17　球面反射聚光系统示意图

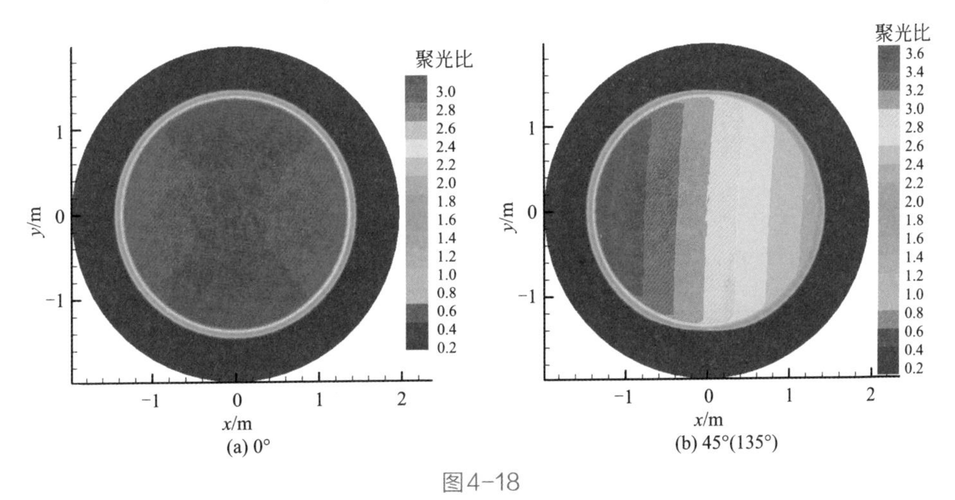

图4-18

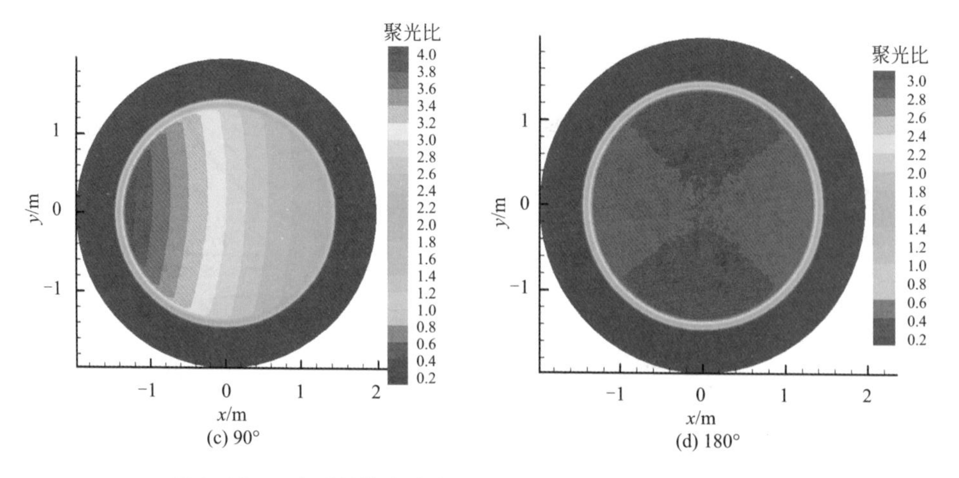

图4-18　二次反射集成对称聚光系统不同轨道位置的聚光特性

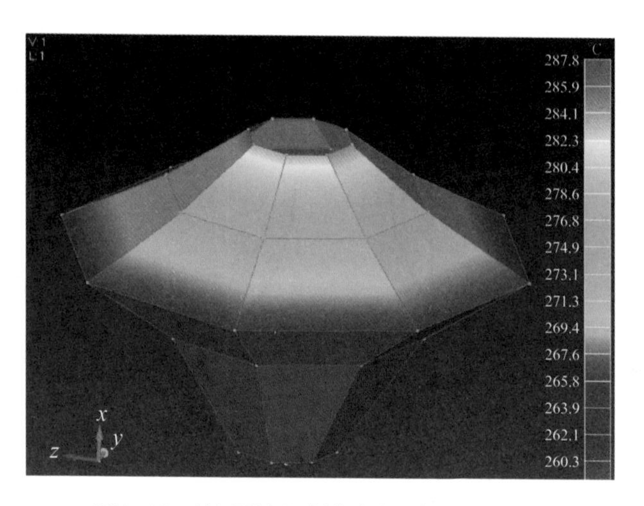

图4-19　纺锤形太阳电池阵表面电池温度分布

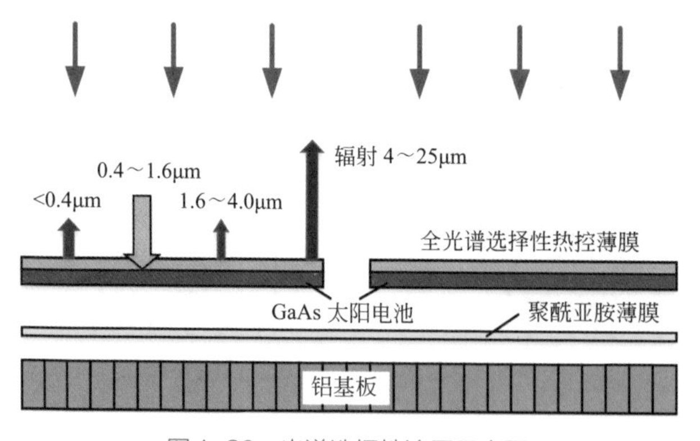

图4-20　光谱选择性涂层示意图

4.3.3 柔性太阳电池阵的折叠展开形式

对于大型柔性太阳电池阵，一般采用机构驱动展开、充气展开以及自弹性展开等方式，需要针对电池阵结构设计不同的折叠展开形式。目前主要研究的折叠展开形式包括一维折叠展开、扇形折叠展开、卷绕展开以及二维折叠展开。

（1）一维折叠展开

一维折叠展开也可称为Z形折叠展开，对应的柔性太阳电池阵一般为细长形，由多个可弯折的子阵组成，沿长边方向进行Z形折叠收拢，入轨后再沿长边方向一维展开，通过机构锁定形成大型柔性太阳电池阵。由于采用一维展开方式，宽度方向受到运载整流罩高度的严格限制，而长度方向根据收拢尺寸约束可以实现较长的电池阵结构。最典型的应用是国际空间站所采用的太阳电池阵，如图4-21所示，采用聚酰亚胺膜基底粘贴硅太阳电池，利用中间的电机驱动桁架实现电池阵的展开，单阵展开长度超过70m。

图4-21 国际空间站柔性太阳电池阵

（2）扇形折叠展开

扇形折叠展开可以看作圆周方向的一维折叠展开形式。扇形柔性太阳电池阵为圆形，分解为多个可整体弯折的扇叶子阵，沿圆周方向呈Z形进行折叠收拢，入轨后通过驱动机构沿圆周方向将扇叶展开，通过机构锁定形成圆形柔性太阳电池阵。最典型的是美国ATK Space Systems公司研发的柔性太阳电池阵UltraFlex，如图4-22所示，由10组可折叠的三角形薄膜太阳电池子阵组成，由多根径向复合材料杆支撑，子阵为柔性基底粘贴刚性电池，每组子阵在收拢状态以中心对折，10组子阵压缩在电池阵基板上，入轨后展开锁定形成柔性平面太阳电池阵，该方案已成功应用于Phoenix等多个火星探测器和“天鹅座”飞船等任务。目前正在研究新一代MegaFlex大型柔性太阳电池阵（表4-1），样机直径为9.7m，发电功率约为17kW，扩展直径可达30m，将支持未来数十千瓦到百千瓦以上的航天器任务。为了减少收拢长度，该电池阵将会在收拢状态再进行一次折叠。

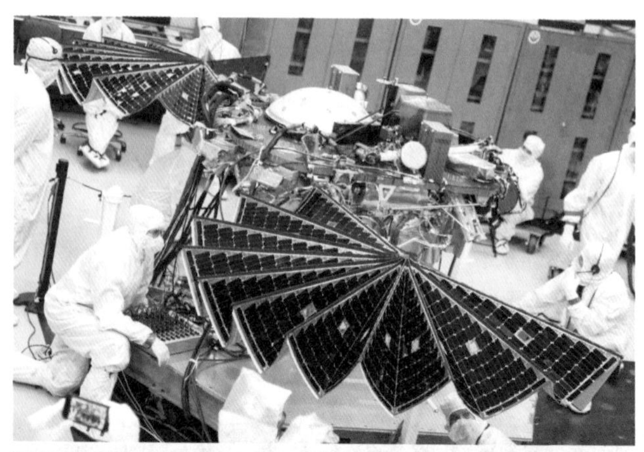

图4-22　UltraFlex柔性太阳电池阵收拢展开

表4-1　MegaFlex太阳电池阵的扩展

运载火箭	Delta Ⅳ	Falcon 9	Ariane5	SLS PF1B	SLS PF2
整流罩直径/m	4	5.2	5.4	8.4	10
电池阵直径/m	20	25	25	30	30
电池阵功率/kW	190	300	300	440	440

（3）卷绕展开

图4-23　Hubble望远镜柔性太阳电池阵

卷绕展开是将薄膜太阳电池阵沿长边方向通过卷绕方式收拢，到达预定轨道后通过驱动机构实现一维卷绕展开。Hubble望远镜柔性太阳电池阵就采用了从中心轴向两边的展开方式（图4-23）。针对大功率太阳电池阵需求，美国Deployable Space System公司设计、研制并测试了名为ROSA（Roll Out Solar Array）的卷绕展开太阳电池阵单元，电池阵单元样机宽6.5m，长13.1m，发电功率为18.2kW。ROSA的太阳电池阵采用标准多结GaAs电池安装在聚酰亚胺薄膜基板上，太阳电池阵在收拢状态卷绕压紧在中心轴上，入轨后利用两根压缩复合材料杆驱动展开。

ROSA太阳电池阵单元的宽度受包络限制，长度方向通过卷绕可以实现较长的电池阵结构，主要受到复合材料杆的展开能力和刚度限制。可以通过多个太阳电池阵单元形成高功率太阳电池阵，未来的ROSA太阳电池阵可扩展到数百千瓦到1MW（表4-2）。ROSA太阳电池阵目前已经应用于美国的DART任务和国际空间站的太阳电池阵更新任务（图4-24）。

表4-2　ROSA太阳电池阵的扩展

参数	类型Ⅰ	类型Ⅱ	类型Ⅲ
电池阵总功率/kW	300～400	700	1000
电池阵单元宽度/m	7.9	7.9	7.9
电池阵单元长度/m	15.5	19.8	22.4
电池阵单元功率/kW	25～33.33	43.75	50
电池阵单元数量	12	16	20

图4-24　国际空间站ROSA柔性太阳电池阵

（4）二维折叠展开

二维折叠展开是未来实现更大尺寸柔性太阳电池阵的重要技术方向，特别是长宽比接近于1的电池阵，可以进一步提升质量比功率和面积比功率，降低收拢体积，但相对于一维折叠展开形式，由于需要考虑电池阵厚度对二维折叠展开的影响，其折叠收拢方式和展开方式具有较大的复杂性。目前，国际上研究了几种薄膜太阳电池阵的二维折叠展开方式。

① 对边二维折叠展开方式。对于矩形薄膜太阳电池阵，将太阳电池阵划分为多个矩形子阵，子阵间留有一定的间距用于折叠。分别沿两个方向进行Z形折

叠，如图4-25所示，先沿着X方向交替对折，再沿着Y方向交替对折，最终将收拢成较子阵略大一些的面积，高度方向与子阵数量有关，并且与折叠弯曲半径等有关。展开顺序与折叠过程相反，先沿着Y方向展开，再沿着X方向展开。国内研制的相关薄膜太阳电池阵样机展开过程如图4-25所示，太阳电池阵由完全收拢状态解锁，利用桁架驱动机构控制展开，展开到位后，通过桁架对阵面进行多点张拉使阵面处于张紧状态，保证电池阵的面形。

图4-25　薄膜太阳电池阵二维展开过程

② 对角二维折叠展开方式。对于矩形薄膜太阳电池阵，也可以采用在对角方向进行二维折叠的方式。图4-26所示为德国提出的名为GoSolAr（Gossamer Solar Array）的柔性太阳电池阵方案。该方案主要基于CIGS薄膜电池和碳纤维豆荚杆技术，将太阳电池阵划分为多个矩形子阵，子阵间留有一定的间距用于折叠，分别沿两个方向进行Z形折叠。CIGS薄膜电池粘贴在柔性基底上，沿对角方向成排排列，之后先在一个对角方向向中心交替对折，然后再沿另一个对角方向向中心交替对折，最终将收拢到较四个子阵略大一些的面积，高度方向与折叠层数有关，也需考虑折叠弯曲半径。整个电池阵由对角方向上下布置的

两根碳纤维豆荚杆作为支撑结构，两根碳纤维豆荚杆在收拢状态卷绕在中心，展开时通过电机控制沿两个方向分别展开。原理样机以及折叠和展开过程如图4-26所示。

图4-26 GoSolAr薄膜太阳电池阵二维折叠展开过程

③ 卷绕二维折叠展开方式。CalTech在空间太阳能电站方案研究中，为了大幅减小空间太阳能电站的质量，针对柔性化三明治结构和柔性薄膜结构的折叠展开技术进行了研究，提出类似于太阳帆的卷绕二维折叠展开方案。如图4-27所示，沿四边边长方向将薄膜结构从外向里划分出多个条带，每个条带可以粘贴条带状柔性三明治结构模块，之后将条带由外向里呈Z形折叠形成一个十字形条带，再将十字形条带沿中心轴进行卷绕收拢为一个圆柱形结构。该方案的支撑结构为对角方向的两根弹性杆，与十字形条带共同卷绕。展开时，通过机构控制弹性杆的卷绕展开和沿长度方向的展开，最终实现整个电池阵的二维同时展开（图4-28）。

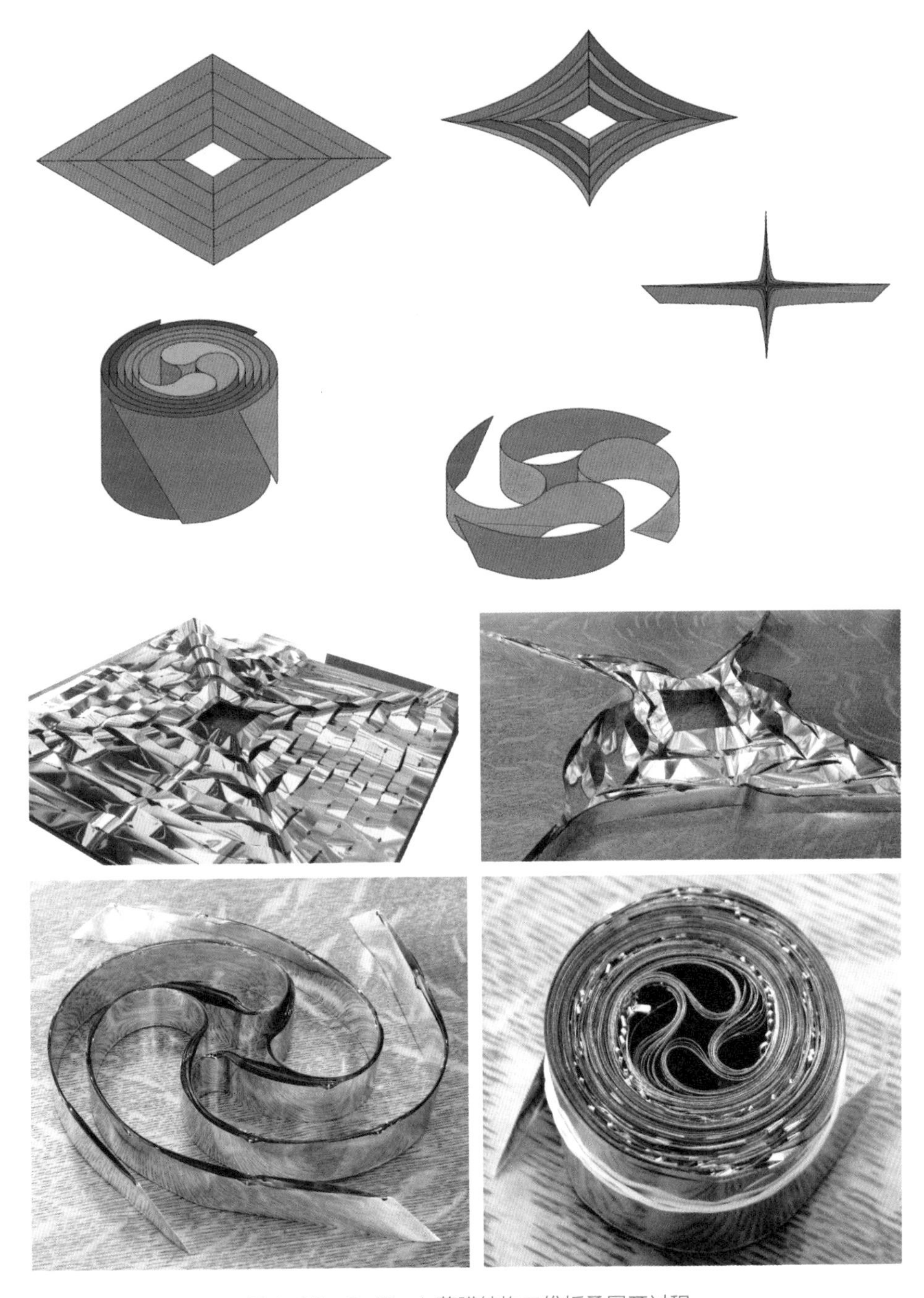

图4-27 CalTech薄膜结构二维折叠展开过程

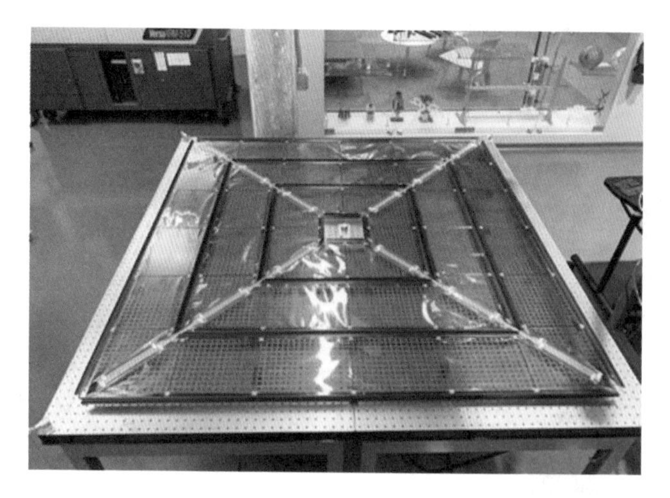

图4-28 CalTech薄膜结构二维展开状态

4.4 空间电力传输与管理方式

空间太阳能电站太阳电池阵发出的电力需要传输到微波发射天线转化为微波进行传输，理想情况下需要太阳电池阵（或聚光器）对日定向、发射天线对地面接收装置定向。在一个轨道周期内，太阳电池阵（或聚光器）与发射天线间的相对位置变化为360°。由于在空间进行远距离高功率电力传输存在很大的技术困难，特别是实现旋转电力传输的高功率导电旋转关节具有极大的技术难度，如何将太阳电池阵发出的电力传输到微波发射天线成为空间太阳能电站设计中优先考虑的问题。空间电力传输与管理方式可以进行不同的分类，如是否采用导电旋转关节、高压或低压电力传输、近距离或远距离电力传输、直流或交流电力传输、集中式或分布式供电等，下面重点从导电旋转关节角度进行分析。

（1）单导电旋转关节型

采用导电旋转关节意味着太阳电池阵与微波发射天线之间处于分离状态，且能够实现太阳电池阵对日定向和发射天线对地定向，因此可以保证稳定的发电和微波能量传输，需要配置极高功率的导电旋转关节并采用高压远距离电力传输。代表性的方案包括1979 SPS参考系统、SSPS-OMEGA空间太阳能电站等（图4-29），其中，SSPS-OMEGA电站在太阳能发电端采用了整体聚光型太阳电池阵方式。对于单导电旋转关节型传输方式，GW级导电旋转关节具有极大的技术难度。

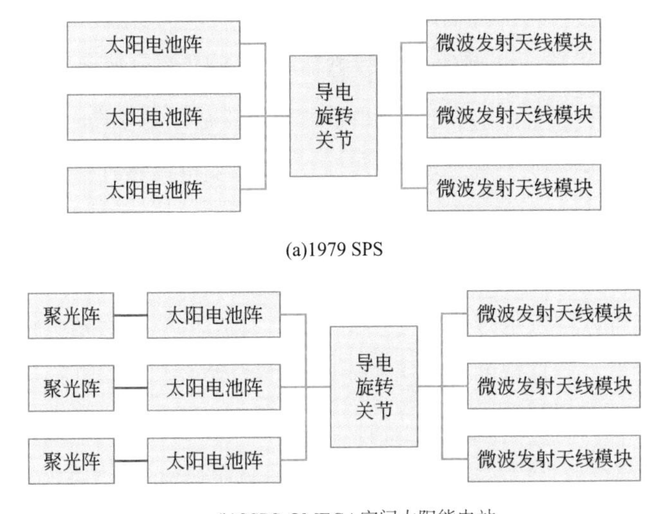

图4-29 单导电旋转关节型空间电力传输与管理方式

粗蓝线：高压电力传输。红线：聚光

（2）多导电旋转关节型

为了保证太阳电池阵对日定向和发射天线对地定向，同时要降低GW级导电旋转关节的技术难度，一种解决方式是采用多个导电旋转关节并行传输，降低传输功率。但由于航天器在轨运行的特殊性，需要设计特殊的构型，以实现将整体式太阳电池阵分解为多个可独立旋转的太阳电池分阵，分别通过独自的导电旋转关节进行电力传输。代表性的方案为多旋转关节空间太阳能电站（图4-30），将GW级导电旋转关节降低到10MW级，大大降低了其技术难度。多导电旋转关节型空间太阳能电站的难点在于依然需要采用高压远距离电力传输。

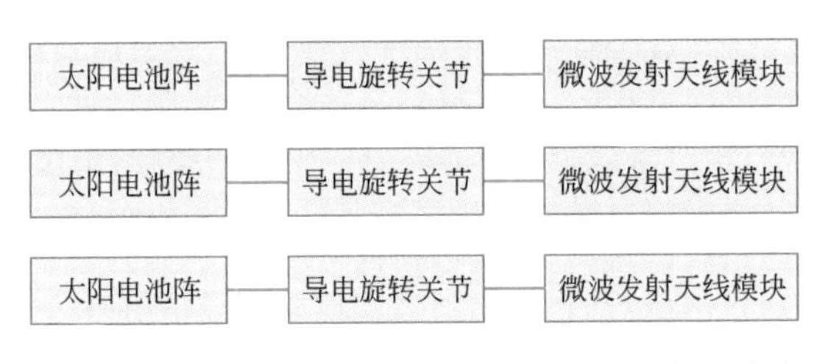

图4-30 多导电旋转关节型空间电力传输与管理方式

（3）无导电旋转关节型

无导电旋转关节意味着太阳电池阵与微波发射天线之间不存在相对运动，即无法实现太阳电池阵对日定向和发射天线对地定向，因此，无法保证稳定的发电和微波能量传输，典型的代表性方案包括太阳塔和绳系空间太阳能电站（图4-31）。太阳塔空间太阳能电站采用重力梯度姿态稳定方式，发射天线维持对地定向，而太阳电池阵无法实现对日定向，因此发电是不连续的，其对应的电力传输方式如图4-31所示，仍需采用高压远距离电力传输。绳系空间太阳能电站采用了特殊的三明治结构，由于太阳电池阵与微波发射天线位于三明治结构的两面，在维持微波发射天线对地的情况下，太阳电池阵的光照将维持周期性变化，因此发电是不连续的。采用三明治结构的优点是无须进行远距离电力传输，大大简化了电力传输的难度。

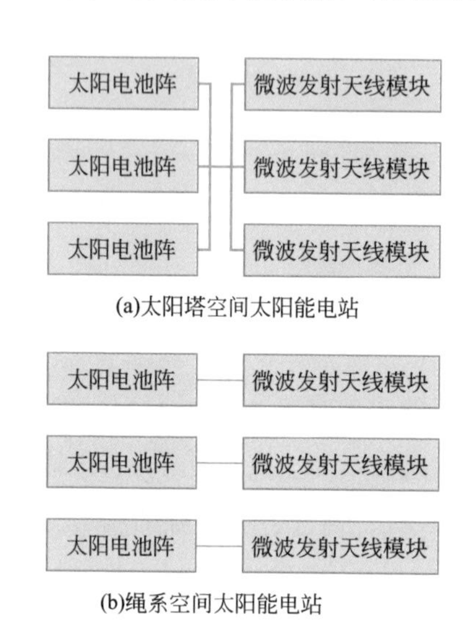

图4-31　无导电旋转关节型（非聚光）空间电力传输与管理方式
细蓝线：低压电力传输

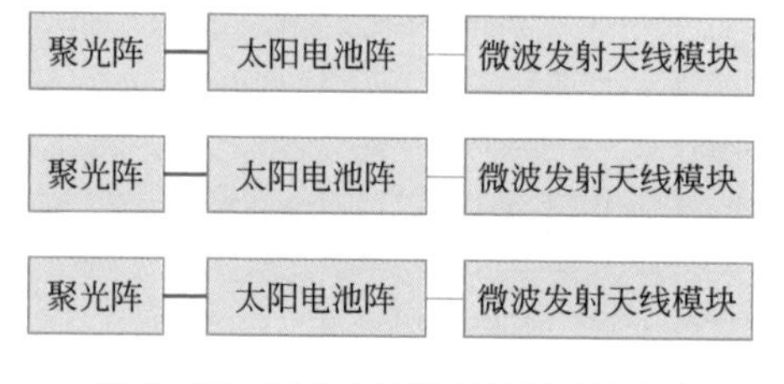

图4-32　无导电旋转关节型（聚光）空间电力传输与管理方式

在无导电旋转关节的情况下，若想实现在轨道周期内比较稳定的发电和能量传输，则需要特殊的设计，其中一种方法是采用可对日定向的聚光系统，典型代表性方案是二次反射集成对称聚光系统（图4-32）。该方案采用包括主反射器和二次反射器的聚光系统，主反射器在轨道周期内可以实现对日跟踪，并将入射光线聚集到二次反射器处，二次反射器再将太阳光反射到三明治结构的太阳电池表面，实现微波发射天线对地情况下比较稳定的发电。该方案由于采用三明治结构，简化了电力传输的难度，但如何保证整个轨道位置内相对均匀的聚光分布以及高聚光比下三明治结构的散热是最大的技术难题。

第5章

无线能量传输系统

5.1 微波无线能量传输

5.1.1 微波无线能量传输系统组成及特点

空间太阳能电站的微波无线能量传输系统将能量以微波形式传送回地球，地面的接收系统再将微波能量转化为电能，需要经历“电”转“微波”、微波传输、“微波”转“电”三个主要过程。

微波无线能量传输包括空间和地面两大部分。空间部分主要用于将电力高效地转化为微波，并利用大尺度发射天线向地面进行高精度的定向传输。地面部分尽可能地接收微波波束，高效地转化为电力并接入地面电网（图5-1）。为了实现高精度微波能量传输，还包括地面的导引波束发射和空间的导引波束接收及处理。微波无线能量传输重点关注微波频率、系统效率、波束精度和系统规模等。

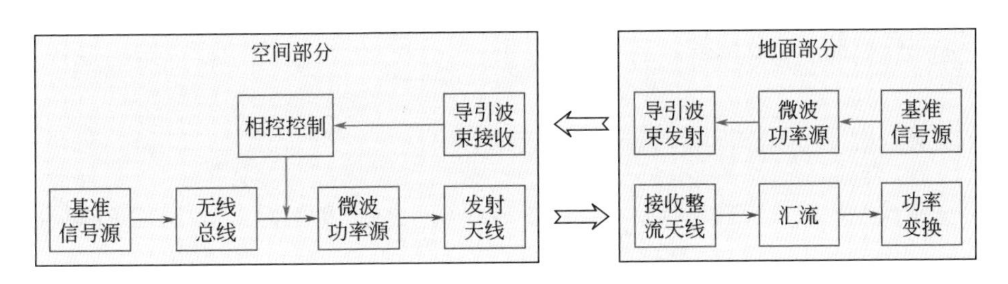

图5-1 微波无线能量传输组成框图

微波无线能量传输类似于微波无线通信，其主要区别包括以下几个方面。

① 微波无线能量传输中微波是能量载体，在接收端直接将微波整流为直流电供给负载，因此发射的微波为点频。微波无线通信中的微波为信息载体，为了实现较高的通信容量，需要发射宽频带微波，在接收端将微波所携带的信息进行解调。

② 微波无线能量传输关注能量传输的效率，要求具有高的微波截获效率，因此发射天线应当足够大以获得窄波束、接收整流天线足够大以覆盖主要的波束范围（图5-2），同时需要采用高效的微波功率源和微波整流器件，对波束指向精度要求高。微波无线通信更关注的是无线通信的范围和接收信号的质量，发射波束一般为宽波束，而接收端仅需接收到满足信噪比要求的微波信号，因此发射天线和接收天线的尺寸较小，对波束指向精度要求较低。

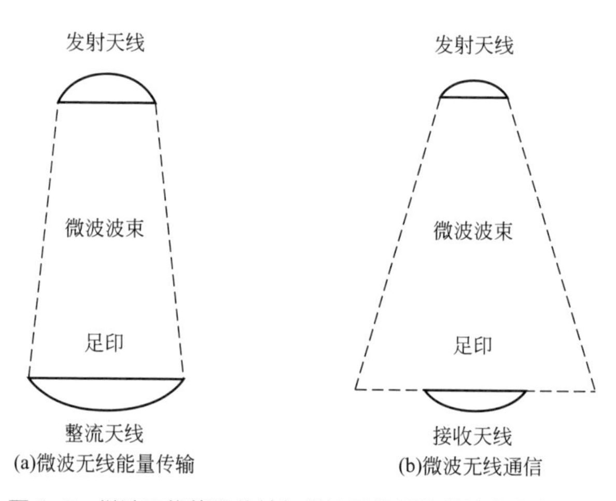

图5-2 微波无线能量传输与微波无线通信的波束分布区别

③ 微波无线能量传输的微波功率大，对应的微波接收端功率密度较高。微波无线通信传输的微波功率较小，对应的微波接收端功率密度较低，比微波无线能量传输低几个数量级。

5.1.2 微波无线能量传输系统效率链

微波无线能量传输系统效率链如图5-3所示，主要影响因素包括DC/RF转化效率、波束截获效率和RF/DC转化效率。其中，DC/RF转化效率和RF/DC转化效率与器件和电路相关，而波束截获效率与微波频率、发射天线尺寸、接收天线尺寸以及传输距离相关。

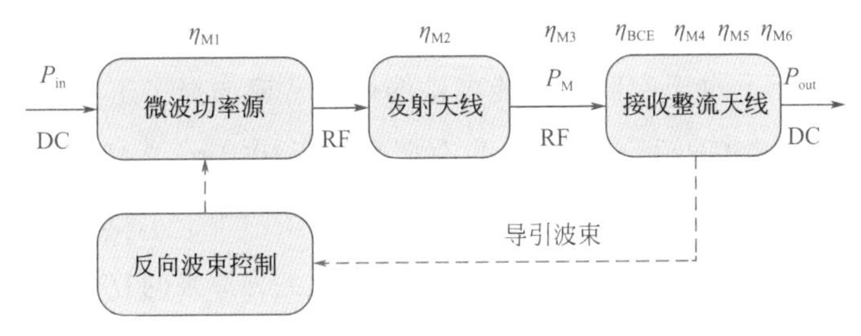

图5-3 微波无线能量传输系统效率链

P_{in}—输入电功率；P_M—微波发射功率；P_{out}—输出电功率；η_{M1}—DC/RF 转化效率；
η_{M2}—天线发射效率；η_{BCE}—波束截获效率；η_{M3}—微波传输效率；
η_{M4}—微波接收效率；η_{M5}—RF/DC 转化效率；η_{M6}—电调节效率

5.1.3 微波频率选择

空间太阳能电站从空间向地面进行能量传输，要求微波穿过大气层的能量损失尽可能小。影响微波透过率的因素主要包括大气分子（氧气、水蒸气等）、降水（包括雨、雾、雪、雹、云等）、大气中的悬浮物（尘埃、烟雾等），根据不同频率电磁波的衰减曲线（图5-4），穿过大气层的微波频率应低于10GHz。同时

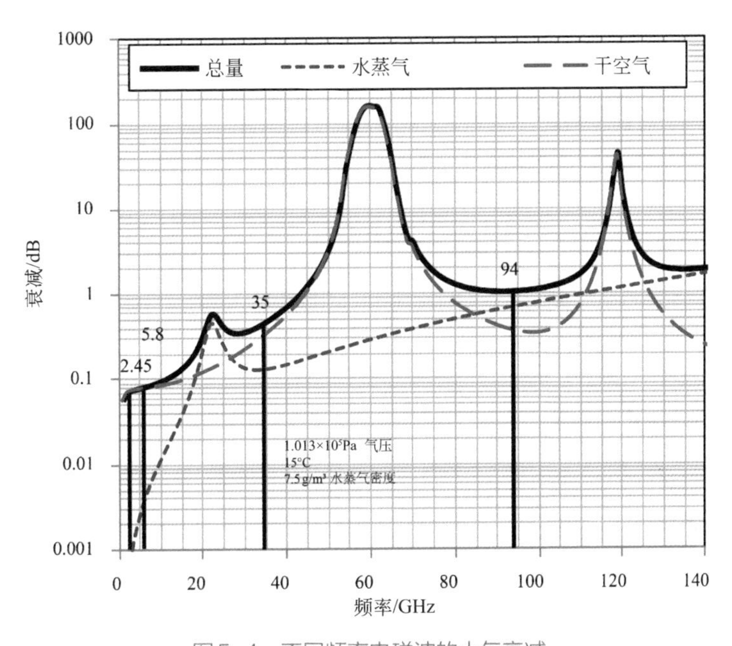

图5-4 不同频率电磁波的大气衰减

频率的选择还应考虑到微波功率源的效率、整流效率、ITU对于该频率的分配等，并要综合考虑发射和接收天线的尺寸匹配以及发射和接收微波功率密度的限制。

目前，国际上对于空间太阳能电站的研究普遍选择了工业、科学和医学（ISM）频段的2.45GHz和5.8GHz，也有研究选用10GHz。2.45GHz微波的大气透过性要好于5.8GHz，但是对应的发射天线要大约一倍。10GHz微波的大气透过性较5.8GHz要低一点，但是对应的发射天线大约为原来的1/2。考虑技术发展和天线尺寸等因素，目前主要的GW级电站方案选择微波频率为5.8GHz，对应的大气衰减率不超过5%。

5.1.4 天线尺寸选择

微波无线能量传输要求波束截获效率（收集效率）尽可能高，根据Goubau以及Brown等人的实验结果，波束截获效率取决于微波波长、能量传输距离以及收发天线的直径大小，这些因素对波束截获效率的影响可以通过参数τ来表征：

$$\tau = \frac{\sqrt{A_t A_r}}{\lambda D} \tag{5-1}$$

式中 A_t——发射天线面积；

A_r——接收天线面积；

λ——微波波束的波长；

D——能量传输距离。

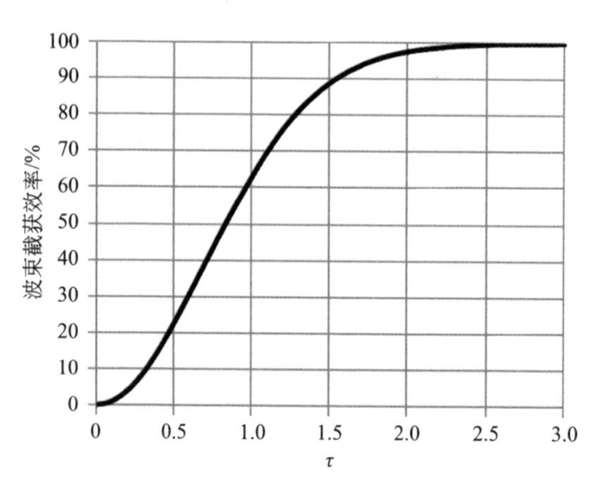

图5-5　波束截获效率与τ的关系

τ与波束截获效率的关系如图5-5所示，当τ足够大（如τ>2）时，微波无线能量传输的波束截获效率接近100%，其前提条件是微波功率密度在发射天线孔径上呈高斯分布（图5-6），高斯分布会给发射天线端的供电和散热带来较大的困难。为了简化高斯分布，学者提出利用阶梯形分布来近似高斯分布（图5-6），得到的地面接收波束分布如图5-7所示。图5-7也给出了发射天线微波功率密度为均匀分布时对应的地面接收波束分布，可以看出，发射端微波均匀分布时对应的地面接收波束更为尖锐一些，即中心功率密度更高，主波束更窄，但旁瓣功率密度也更高，将损失更多的能量。采用阶梯分布，会更接近于高斯分布得到的结果，中心功率密度降低，主波束更宽，但旁瓣功率密度降低，截获效率提高。

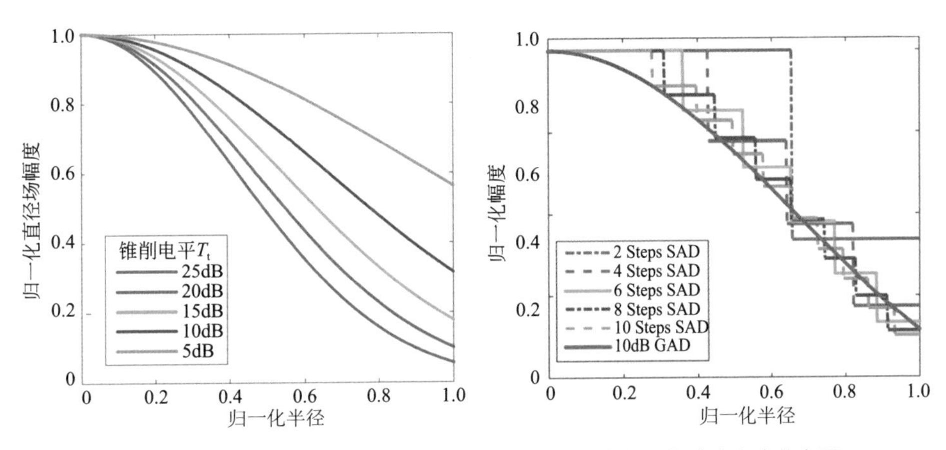

图5-6　发射天线不同锥削高斯分布及不同阶梯分布归一化功率密度分布图

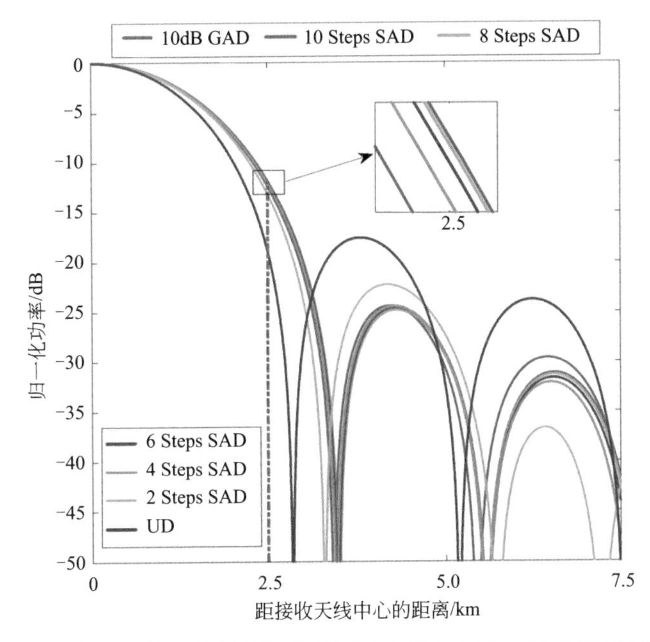

图5-7　发射天线均匀分布及不同阶梯分布下接收端归一化功率密度分布图

空间太阳能电站的收、发天线尺寸需要综合考虑微波频率、传输距离、地面微波密度限制等因素，当微波频率和传输距离确定后，发射天线和接收天线直径成反比关系。对于5.8GHz微波，波长为5.17cm，地球同步轨道高度为35786km，为了获得95%的波束截获效率，对应的τ约为2，参考典型空间太阳能电站设计，对应的发射天线直径约为1km、接收天线直径约为5km。假如发射天线直径降低1倍，对应的发射端功率密度将增加4倍，接收天线直径将增加1倍，对应的接收端功率密度将降低4倍，要求发射天线有更好的散热能力。假如发射天线直径增加1倍，对应的发射端功率密度将降低4倍，接收天线直径将降低1倍，对应的接收端功率密度将增加4倍，对发射天线的散热更为有利，但接收端的功率密度有可能超过允许的限值。

5.1.5 微波功率源选择

空间太阳能电站发射的微波频率为点频，无须考虑带宽。微波功率源的选择重点考虑功率、效率、频率稳定性、质量比功率、寿命、空间环境适应性、供电及成本等，目前主要考虑采用半导体固态微波功率源和磁控管。

半导体固态微波功率源属于微波放大器，可以获得稳定的微波频率和相位，适合于进行多路微波的相干功率合成。目前主要发展以氮化镓（GaN）和碳化硅（SiC）等第三代宽禁带材料为代表的功率器件，主要技术特点包括：单器件的功率较低，在百瓦量级；效率提升很快，目前已经达到80%；频率稳定性高；质量比功率逐渐提升；寿命长；空间环境适应性较好（包括抗辐射性能和高温工作特性）；成本较高，大规模应用可以大幅降低成本。

磁控管属于真空器件，功率高，在千瓦以上量级；效率较高，可以达到80%；质量比功率高；寿命受到一定限制；空间环境适应性好；由于功率集中，需要良好的散热；需要5000V左右的高压供电，对供电电压稳定性要求高；成本较低。磁控管应用的最大难点在于其频率和相位稳定性较差，会发生随机变化，因此为了实现高效率的相干功率合成，需要利用稳频锁相技术发展相控磁控管（Phase Control Magnetron，PCM）。图5-8给出了一种相控磁控管稳频锁相方法，系统较为复杂，效率上会受一定的影响。

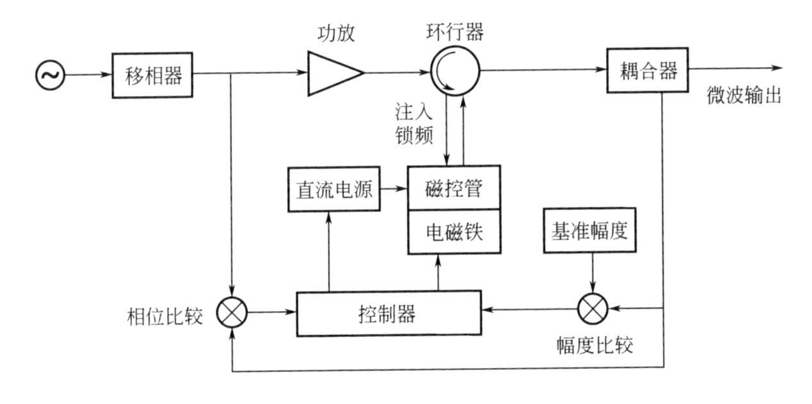

图5-8　相控磁控管稳频锁相方法

5.1.6　微波能量接收转化

微波能量的接收转化主要通过接收天线阵列和整流电路来实现，利用接收天线接收微波能量并利用整流电路将微波转化为直流，再经过直流串、并联进行汇流合成以及电压变换或逆变等进行输出。

典型的整流电路包括低通滤波器、整流二极管、直通滤波器和负载（图5-9、图5-10）。低通滤波器的主要作用包括：仅允许基频微波信号通过，阻止其他频率分量进入整流电路；反射二极管产生的高次谐波；实现接收天线与滤波器之间的阻抗匹配。直通滤波器的作用是只允许直流通过，将残余的基频及基频以上的谐波反射回整流二极管，提高输出直流的平稳度和能量利用率。微波非线性器件是微波整流电路的核心，通常选择肖特基二极管。整流电路的整流效率既受微波非线性器件的特性影响，又受微波注入功率、阻抗匹配、负载等

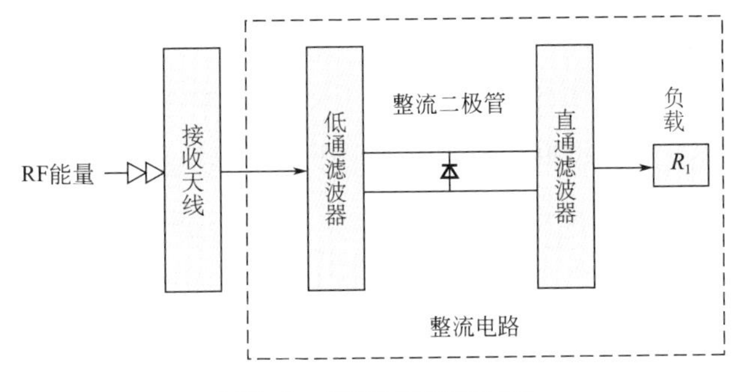

图5-9　整流电路结构框图

图5-10　典型整流电路

外部因素的影响。理想的二极管配合适当的整流电路设计可以实现高的整流效率。二极管有其自身的结电压和击穿电压，如果二极管的输入电压低于结电压或者高于击穿电压，二极管均无法工作在最佳状态。为了使二极管获得较高的工作效率，需要适当的匹配电路来完成阻抗变换，从而保证整流电路能够达到谐振并处于最佳工作状态。

由于空间太阳能电站地面接收天线的功率密度分布相差很大，考虑整流电路的最佳工作功率范围，不能采用统一的整流电路方式，因此需要根据微波功率密度以及由于波束偏差引起的功率密度动态变化范围对接收天线进行分区处理。对于适中的功率密度，采用单个二极管整流电路对应单个天线单元的方式；对于功率较大的天线单元，考虑到二极管的耐受程度，可以采用多只二极管串、并联的方式设计整流电路；而对于功率较低的天线单元，考虑采用将多个天线单元的接收微波进行功率合成之后再利用整流电路进行整流输出的方式。

5.1.7　微波发射天线

微波能量发射一般采用抛物面天线或微带阵列天线（图5-11）。抛物面天线利用位于抛物面焦点的馈源辐射球面波，之后通过抛物面反射形成同向的阵面波，因此，具有定向性好、功率容量大、增益高、辐射效率高等优点。由于空间太阳能电站微波发射天线尺寸巨大（千米级），不可能采用单一的抛物面天线，采用多个抛物面天线组阵的结构将非常复杂，特别是抛物面天线需要进行在轨展开，技术复杂，形面保持困难。微带阵列天线由多个微带辐射贴片单元通过组阵构成，利用功分馈电网络对阵列中的各个单元进行馈电，重量轻、剖面低，通过组阵可以实现高增益。由于是平面天线，易于实现在轨展开，便于组装成为大型阵列天线。

图5-11　抛物面天线及微带阵列天线

对于千米级微波发射天线，需要进行模块化设计，从基本的天线单元到天线子阵再到天线结构模块、天线结构子阵，最终扩展至整个天线，如图5-12所示。图5-13给出了一种大型平面天线的在轨展开方式示意图。

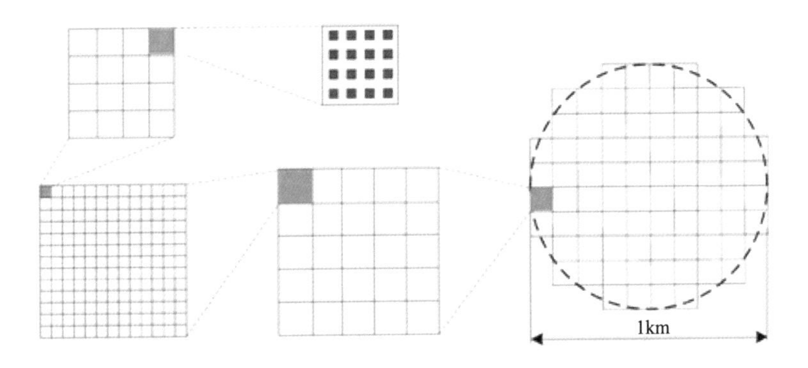

图5-12　千米级微波发射天线的逐级模块化组成

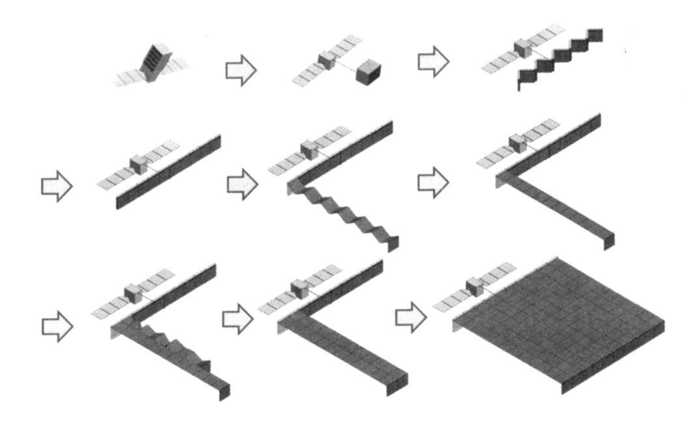
图5-13　大型平面天线在轨展开方式示意图

对于三明治结构形式的空间太阳能电站，太阳电池阵与微波发射天线集成为整体的平面结构，结构剖面如图5-14所示，上层为太阳电池，中间为夹层结构，下层为发射天线，夹层结构中布设电力调节设备、电缆、固态微波源、功分以及用于热控的热管等，太阳光从上表面入射，微波从下表面发射，热量主要从上、下表面通过辐射进行散热。图5-15所示为美国海军研究实验室研制的用于在轨验证的PRAM试验装置。

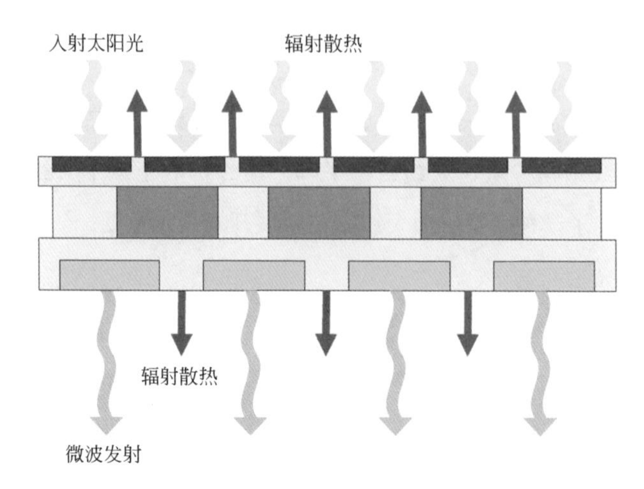

图5-14 三明治结构剖面示意图及能量示意图

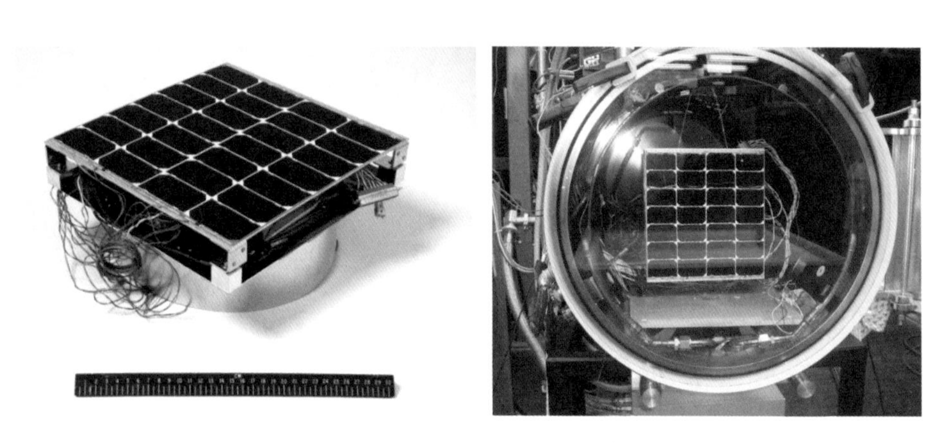

图5-15 PRAM三明治结构试验装置

5.1.8 微波波束方向控制

空间太阳能电站运行于地球静止轨道，能量传输距离超过36000km。为了实现高效率的能量接收并考虑能量传输安全性，对微波波束精度要求极高。假设微波波束中心偏差不超过接收天线直径的5%，对于5km直径接收天线，对应的波束指向精度应高于0.0004°。由于微波能量发射天线尺寸和重量巨大，采用机械控制方式实现高于0.0004°的指向精度在工程上不现实。同时，微波能量发射天线需要由许多天线结构模块进行在轨组装而成，考虑力、热等多种空间环境影响，各天线结构模块间将发生各种形变，包括天线结构模块的姿态变化以及天线结构模块之间的位置变化，将极大地影响功率合成的效率并引起整体波束方向发生较大变化（图5-16）。因此，需要通过天线单元的相位调节进行电控波束调节，实现高精度波束指向。目前主要考虑采用反向波束控制技术，即地面接收站发送导引波束信号（pilot signal）给空间太阳能电站，电站的天线阵列接收导引波束信号以确定不同天线单元的参考相位，以此调整各天线单元的馈电相位，从而实现波束准确地传输到地面接收天线。

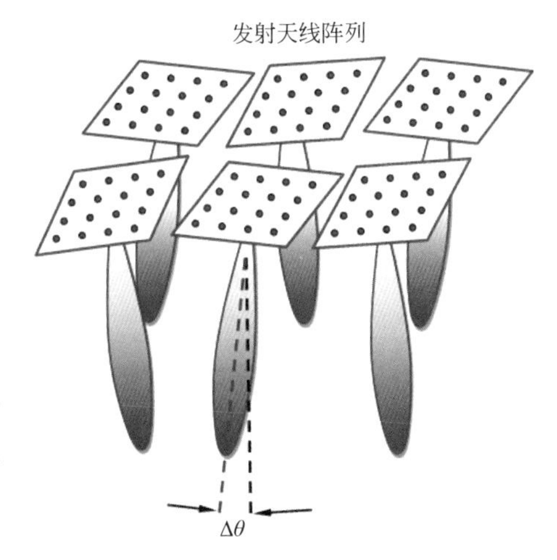

图5-16　发射天线结构模块的形变示意

反向波束控制主要基于相控阵天线原理，如图5-17所示。当平面电磁波入射至阵列天线时，由于入射波到达各个辐射单元的路径长度不同，各单元接收到的微波相位从左到右依次落后$\Delta\varphi$。相位差异与天线位置之间存在线性关系：

$$\Delta\varphi=\frac{2\pi fd\sin\theta}{c}=\frac{2\pi d\sin\theta}{\lambda} \tag{5-2}$$

式中　$\Delta\varphi$——相邻两个单元间接收到微波的相位差；

d——相邻两个单元间距离；

f——入射电磁波的频率；

θ——来波方向与阵列法线方向的夹角；

c——真空中的光速；

λ——波长。

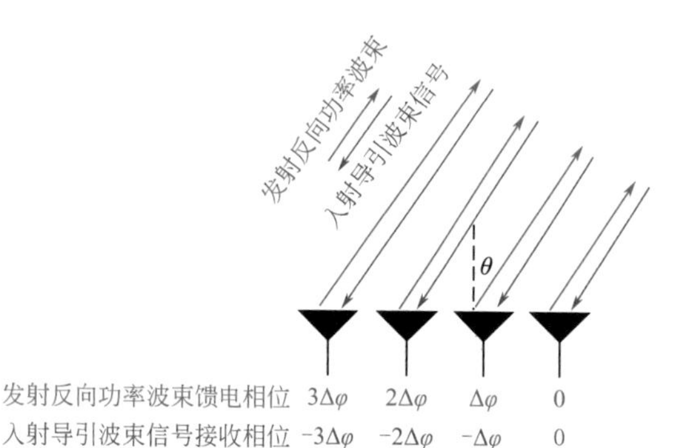

图5-17　基于导引波束的相控原理示意图

当阵列天线沿θ方向发射微波时，相位领先与落后的关系正好与接收情况相反，天线各单元发射的信号从左到右依次领先Δφ，从而在该方向上实现最大的功率发射。

根据前面的分析，反向波束控制需要解决两个层面的问题：一是补偿由于各天线结构模块之间的位置变化所引起的天线整体波束方向偏差；二是补偿由于天线结构模块自身的姿态变化所引起的天线结构模块的波束方向偏差。

对于天线结构模块之间的位置变化所引起的天线整体波束方向偏差补偿，其核心是需要确定每个天线结构模块的基准相位，从而保证所有天线结构模块的波束能够实现有效的功率合成。图5-18给出了一种基于导引波束接收的相位检测与共轭电路实现方法。

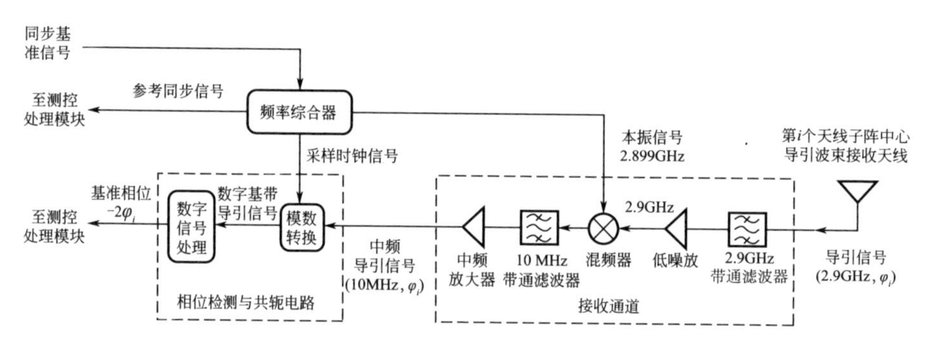

图5-18　基于导引波束接收的相位检测与共轭电路方法示意图

对于天线结构模块姿态变化所引起的波束方向偏差补偿，其核心是需要确定天线结构模块姿态变化方向和变化量，从而调节天线结构模块中的各相关天线单元的相位，使得天线结构模块的发射波束自动校正其姿态偏差而指向来波方向。图5-19给出了一种基于导引波束信号的来波方向测量及相位控制方法。在每个天线结构模块的两维方向安装多个来波方向（DOA）测量天线，利用测量天线获得的信息进行解算得到来波方向参数，基于该参数分析各天线单元的馈电相位并进行相位控制，使得发射波束指向来波方向。

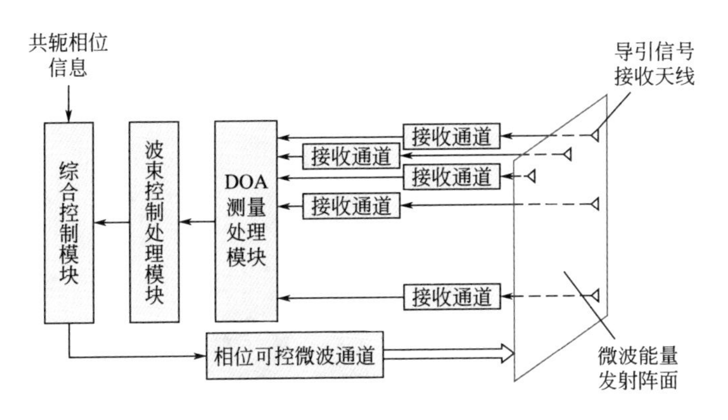

图5-19　基于导引信号的来波方向测量及相位控制方法示意图

整个反向波束控制过程如图5-20所示。由微波能量接收端发射导引波束，每个天线结构模块中心的导引波束接收天线通过导引信号解算出接收信号所对应的共轭相位，该相位作为该天线结构模块的基准相位。同时，每个天线结构模块四周布置多个接收天线，利用接收信号通过干涉测角方式解算出天线子阵相对于基准位置的姿态偏差，在天线结构模块基准相位的基础上，通过波控单元调整天线结构模块内部各天线单元的相位，补偿天线结构模块位置和姿态偏差，实现高精度和高效率的能量传输。图5-21给出了日本在2015年开展的基于反向波束控制技术的微波无线能量传输试验装置。

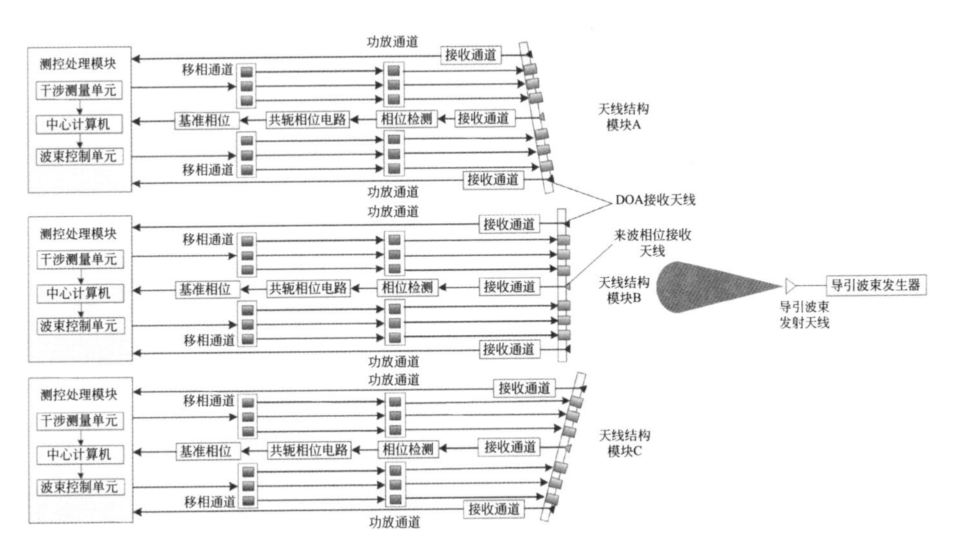

图5-20　基于导引波束的误差补偿高精度微波波束方向控制示意图

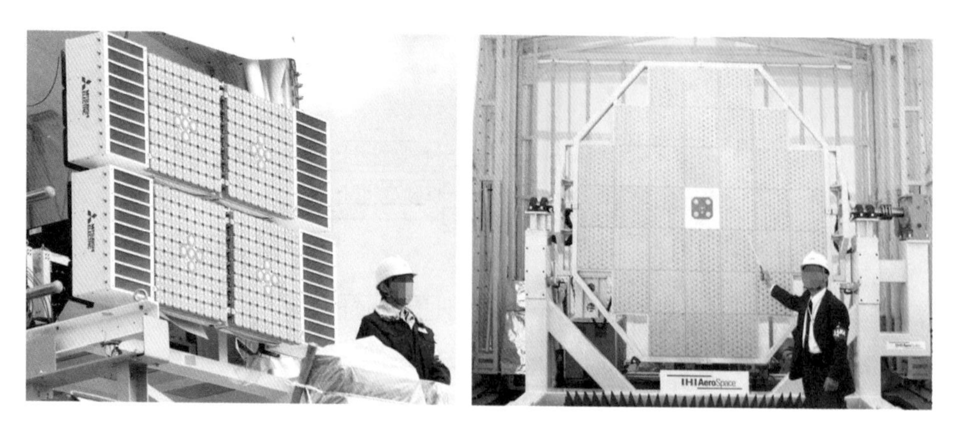

图5-21　基于反向波束控制技术的微波无线能量传输试验装置

5.2　激光无线能量传输

5.2.1　激光无线能量传输系统组成

激光无线能量传输系统主要由激光源、激光发射及光束方向控制、激光接收转化等部分组成，整个激光无线能量传输系统需要进行整体工作状态控制和监测，如图5-22所示。

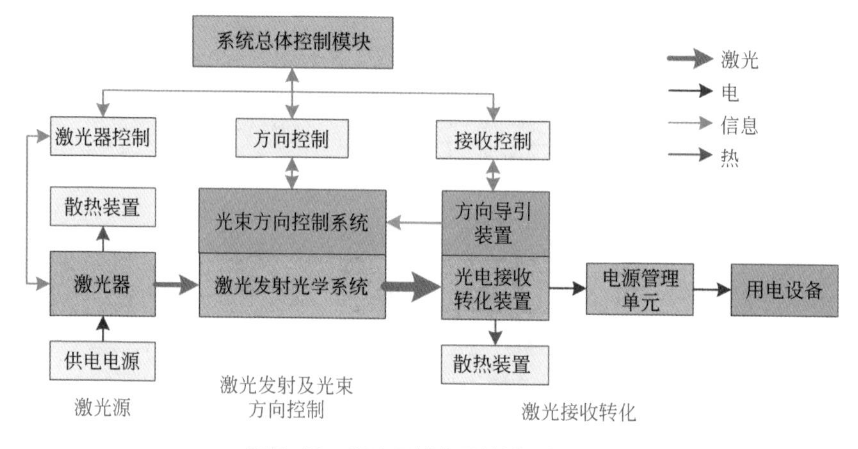

图5-22　激光无线能量传输系统组成

激光源用于产生所需波长、功率和光束质量的激光，主要由激光器、激光合束单元、激光驱动电源和散热装置等组成。其中，激光器的主要功能是将提供的电能转化成激光，激光合束单元的主要功能是将激光器产生的激光合成为单束激光输出，激光驱动电源为激光器提供恒流源电能，散热装置负责维持激光器的合理工作温度。

激光发射与光束方向控制部分主要包括激光发射光学系统和光束方向控制系统。其中，激光发射光学系统用于对激光源输出激光进行扩束准直处理，通过调整光束发散角和光束分布，以满足不同距离处光斑尺寸、光功率密度和光斑均匀度的需要；光束方向控制系统基于对接收端的捕获和对准，通过光束方向调节装置实现高精度的激光发射。

激光接收转化部分主要包括光电接收转化装置、电源管理单元和方向导引装置。其中，光电接收转化装置一般采用激光电池阵，也可以采用热电转换装置；电源管理单元主要针对入射激光光斑的不均匀性和不稳定性以及激光电池的功率输出特性，对激光电池阵进行最大功率跟踪，同时根据负载端的供电需求配置相应的转换电路，实现对负载的可靠稳定供电；方向导引装置用于向光束方向控制模块发射导引光束，以实现激光光束的高精度发射。

5.2.2 激光无线能量传输系统效率链

激光无线能量传输系统效率链如图5-23所示，其主要影响因素包括激光器效率、激光传输效率、激光截获效率和激光电池转化效率。其中，激光器效率和激光电池转化效率与器件相关，激光传输效率与大气质量相关，而激光截获效率与激光发散角、传输距离、指向精度以及接收电池阵尺寸相关。

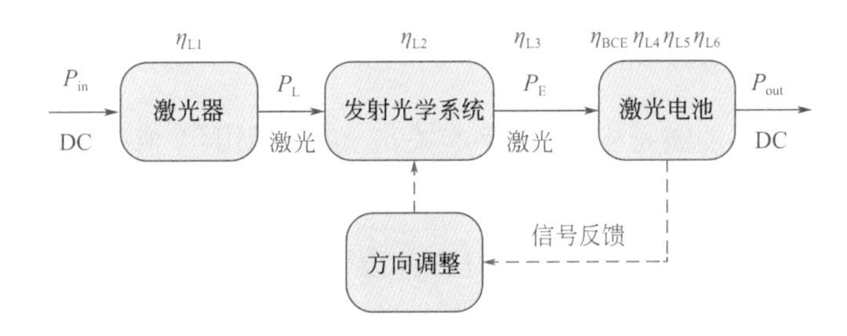

图5-23 激光无线能量传输系统效率链

P_{in}—输入电功率；P_L—激光输出功率；P_E—激光发射功率；P_{out}—输出电功率；
η_{L1}—激光器效率；η_{L2}—激光发射效率；η_{L3}—激光传输效率；η_{BCE}—激光截获效率；
η_{L4}—激光电池阵布片率；η_{L5}—激光电池转化效率；η_{L6}—电调节效率

5.2.3 大功率激光器

选用激光器主要考虑的因素包括激光器的输出功率、电光转化效率、中心波长以及传输介质损耗等，目前常用的激光波长主要有808nm、1064nm，主要研究的激光器包括半导体激光器、光纤激光器以及太阳光直接泵浦激光器等。

（1）半导体激光器

半导体激光器是以半导体材料（图5-24）作为工作物质的激光器。其工作原理是，通过电注入的泵浦方式，在半导体物质的导、价带之间，或半导体物质的施、受主能级之间，使非平衡态的载流子实现粒子数反转，而由于处于高能态下的电子空穴对并不稳定，处于高能态的粒子会回到低能态，出现大量电子与空穴的复合，实现激光的发射。由于半导体激光器通常选用直接带隙材料作为工作物质，能级跃迁过程不涉及声子能量交换，因此半导体激光器的电光转化效率非常高，目前最高转化效率超过了70%。由于单管半导体激光芯片的输出功率有限，为了得到高功率的激光输出，采用多个激光二极管的空间合束或者光纤合束等方式（图5-25），可以实现数千瓦以上的高功率激光输出。

图5-24 半导体激光芯片

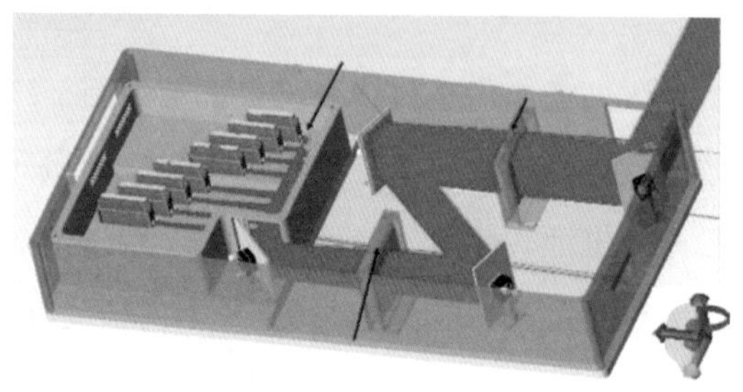

图5-25 多个激光二极管的空间合束示意图

半导体激光器的激光波长与材料有关，一般采用Ⅲ-Ⅴ族化合物材料，常用的包括两种材料体系。一种是以GaAs和$Al_xGa_{1-x}As$为基础的（x代表GaAs中被Al原子取代的Ga原子的百分数），x值直接影响激光波长，一般为850nm左右。另一种是以InP和InGaAsP为基础的，激光波长一般为920～1650nm。为了与接收端激光电池匹配，激光无线能量传输用半导体激光器的波长一般选用808nm。

由于半导体激光器通常采用的光学谐振腔为介质波导腔，加之半导体激光器的谐振腔反射镜尺寸较小，因此其输出的激光方向性较差。而且由于半导体激光器有源区的厚度与条宽尺寸存在很大差异，使得发射出的激光束的水平和垂直发散角呈现明显不同，通常垂直方向发散角要远大于水平方向发散角。高功率半导体激光器采用多个半导体激光二极管进行激光合束，不同半导体激光二极管的性能差异也使得高功率半导体激光器输出的光束方向性差、发散角大、光束能量分布均匀性差。因此，半导体激光器的输出激光光束质量较差，不适合远距离激光能量传输。

（2）光纤激光器

光纤激光器与传统激光器相同，也包括泵浦源、增益介质和谐振腔。其中，泵浦源提供能量，激励工作物质实现粒子数反转分布；增益介质为不同材料的光纤，通过吸收泵浦光发生受激辐射，从而产生激光；谐振腔通过光学正反馈实现受激辐射多次通过增益介质，增强受激辐射强度，并实现特定波长的激光输出。

光纤激光器通常采用的泵浦方式是光泵浦，光泵浦源作为光纤激光器的核心器件，对激光器的性能起着决定性作用，随着半导体激光器技术的快速发展，其成为光纤激光器优选的泵浦源。泵浦源的选择除了考虑功率、效率等因素外，更重要的是要结合增益介质的特性选取特定波长的半导体激光器。例如，对于掺杂镱离子的光纤增益介质，915nm与975nm是镱粒子的两个吸收峰，因此选择915nm或者975nm激光二极管（975nm对应的谱线窄，考虑温度对半导体激光器波长的影响，因此对温度要求高）作为泵浦激光二极管。

增益介质为掺杂不同稀土离子的光纤，当泵浦光通过掺杂光纤时，会被稀土离子所吸收。这时吸收了光子能量的稀土离子的电子就会向上跃迁到较高能级，从而实现粒子数反转，反转后的粒子就会以辐射形式从高能级转移到基态，并且释放出能量，实现受激辐射，产生同频率、同相位的辐射，从而形成相干性好的激光。一般增益光纤纤芯里掺杂的是镱（Yb）、铒（Er）、钕（Nd）、铥（Tm）等稀土元素，由于不同的稀土离子有着不同的能级结构，所以当泵浦光射入不同类型的稀土离子时会激励出不同波长的激光，其中掺镱离子的光纤激光波长为975m或1010～1200nm，是激光无线能量传输选择的波长，具有较好的大气透过率。为了获得高光束质量激光输出，激光传输的纤芯非常细，芯径一般为几微米到几十微米，因此将泵浦光直接耦合到纤芯非常困难。为了解决这一难题，目前一般采用双包层光纤结构，如图5-26所示。光纤中心为纤芯，形成激光传输的波导结构；第二层为内包层，折射率较低，其直径可达数百微米；第三层为外包层，其折射率较内包层更低，能够使泵浦光传输到内包层和外包层交界面时发生全内反射，实现泵浦光在内包层范围内的传输；光纤的最外层为涂覆层，主要起保护作用。因此，泵浦光不需直接耦合入直径较小的纤芯中，而只需先耦合进入直径较大的内包层中，随后沿着光纤进行传输，当到内包层和外包层交界面时会发生全反射，会重新在内包层范围内传输，对于特殊形状的内包层，泵浦光会多次经过纤芯并被纤芯中的稀土离子吸收，从而产生激光输出。

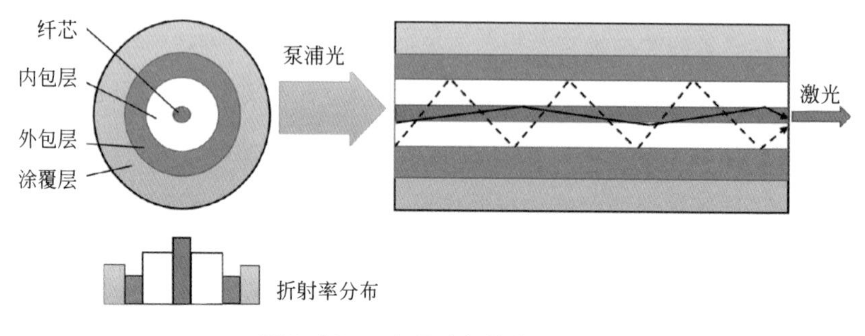

图5-26 双包层光纤结构示意图

光纤激光器的谐振腔包括多种形式，典型的有：法布里-珀罗谐振腔（F-P），即利用两块对泵浦光和激光具有不同反射率的腔镜使泵浦光和激光选择性地透过和反射，实现激光输出；布拉格光栅，利用特殊设计的光栅使泵浦光和激光选择性地透过和反射，实现激光输出（图5-27）。

光纤激光器较半导体激光器的主要优势如下：

① 光束质量高。激光的光束质量取决于纤芯中传输的激光模式数目，与纤芯直径直接相关，单模光纤激光器可以获得很高的光束质量，而通过多个单模光纤激光器的合束也可以获得具有较高光束质量的高功率激光输出。

② 转化效率高。光纤激光器的电光转化效率取决于激光二极管泵浦源的效率和光纤激光器的光光转化效率，由于采用特定波长的泵浦光，并且通过特殊增益光纤的双包层结构，高功率多模泵浦光高效地耦合进入增益光纤，使得光纤激光器的光光效率较高，整体电光转化效率可达40% ～ 50%。

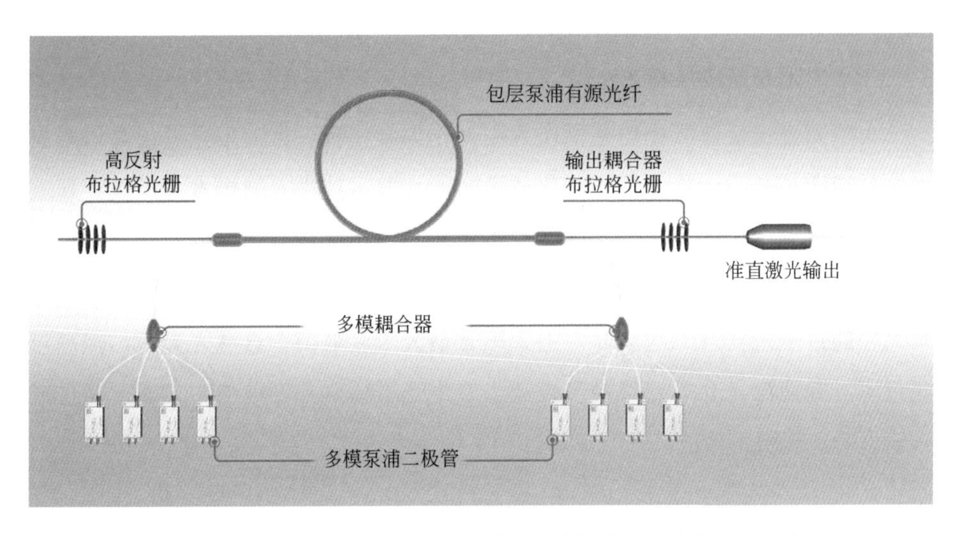

图5-27 基于激光二极管泵浦的布拉格光栅式光纤激光器示意图

③ 结构紧凑。使用光纤耦合器可以将激光二极管泵浦源与增益光纤熔接在一起，同时使用光纤光栅组成谐振腔可以使激光器的结构实现全光纤化，结构紧凑，性能稳定，环境适应性强。

④ 散热性能好。由于光纤具有很大的表面积，光纤激光器工作时产生的热量可以更加容易地排散。

⑤ 容易实现高功率。由于光纤激光器独特的结构，可以将高功率的泵浦源高效地耦合进入增益光纤（图5-28），同时由于光纤激光器良好的散热性能，可以实现高功率的单模激光输出，目前已经可以达到万瓦以上，进一步通过多个光纤激光器的激光合束可以实现数百千瓦的高功率激光输出。

图5-28 多个激光二极管模块耦合泵浦光纤激光器

由于光纤激光器易于实现高光束质量的高功率激光输出，因此是远距离传输应用中大功率激光器的首选。

（3）太阳光直接泵浦激光器

太阳光直接泵浦激光器是指以太阳光作为泵浦源，将太阳光进行高倍聚光直接泵浦激光介质，将太阳光转化成激光的装置。其最大的技术特点是实现直接从太阳光到激光的转化，从而简化了从光到电、再从电到光的转化过程。其原理如图5-29所示，入射太阳光经过一级聚光器汇聚到安装在焦点处的聚光腔，聚光腔通过反射实现二次聚光，将太阳光最大限度地耦合进激光介质，提高泵浦效率，并使激光介质获得均匀泵浦，产生受激辐射并形成稳定谐振，通过激光输出镜实现激光输出。

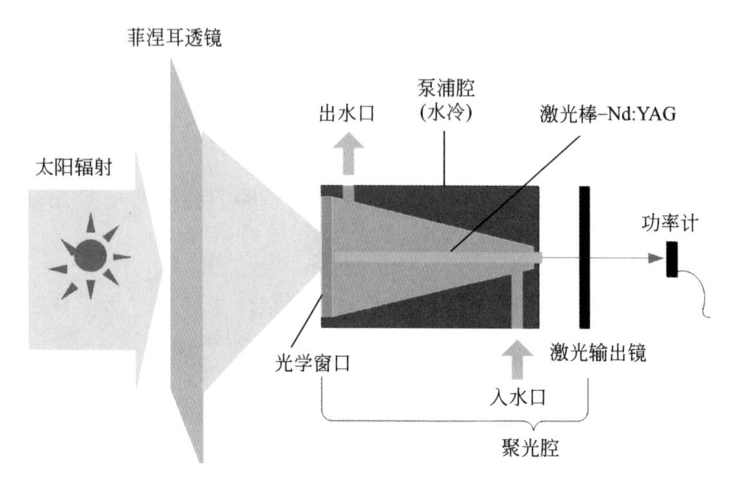

图5-29　太阳光直接泵浦激光器原理

为了简化一级聚光器的结构，一般采用菲涅耳透镜方式；激光介质一般采用Nd:YAG晶体和Cr:Nd:YAG陶瓷，与聚光腔匹配制作成棒状，产生1064nm激光；为了保证聚光腔和激光介质的正常工作，聚光腔和激光介质均需要进行良好的散热，需采用散热能力强的液冷装置；太阳光直接泵浦激光器对太阳光入射方向要求高，因此需要高精度对日跟踪系统。目前，太阳光直接泵浦激光器（图5-30）主要处于研究阶段，还未得到实际应用，主要问题在于，虽然省略了光-电-光的中间转化环节，但太阳光直接泵浦激光器的效率较低，目前最高水平不到10%，且功率水平较低，光束质量较差，同时复杂的散热系统也是限制太阳光直接泵浦激光器应用的主要原因。

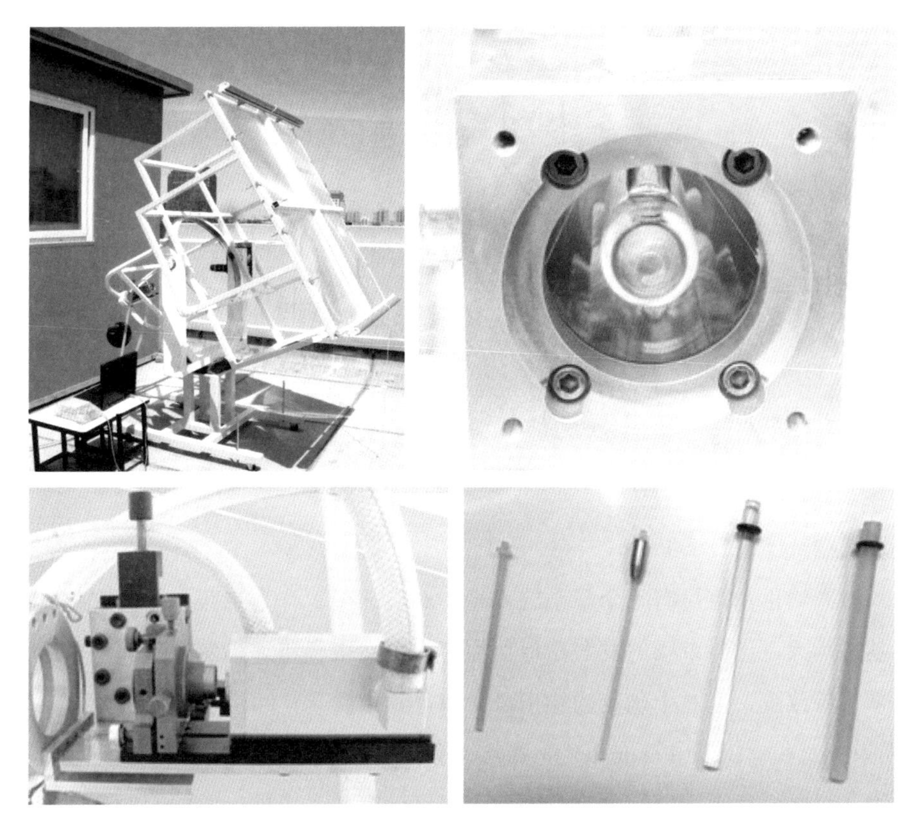

图5-30　太阳光直接泵浦激光器主要组成（菲涅耳透镜、聚光腔、冷却管路、激光介质）

5.2.4　激光发射系统

激光输出一般为具有一定发散角的高斯光束，为了实现远距离的激光能量传输，激光发射系统需要通过光学装置对激光源输出激光进行准直处理，尽可能地压缩发散角，以减小接收端的光斑尺寸。为满足不同能量接收距离处的光斑尺寸和激光功率密度要求，激光发射系统也应具有一定的发散角调整能力，需要设计调焦装置调整光束发散角。对于特殊的要求较高光斑均匀度的应用，则需要设计特殊的光学装置以实现非高斯分布的较为均匀的光密度。同时，对于远距离的激光能量传输，光束指向精度尤为重要，特别是对于相对运动的接收端，激光发射系统需要对接收端进行捕获和对准，并通过光束指向调节装置实现高精度的激光发射。图5-31所示为日本宇宙航空研究开发机构（JAXA）开展激光无线能量传输所采用的激光发射光学系统。

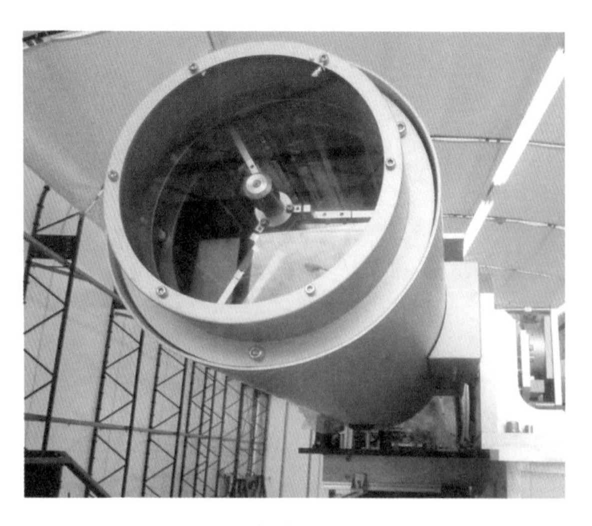

图5-31　激光发射光学系统

激光输出光束具有一个最小的直径，对应的位置称为束腰，偏离束腰后直径越来越大，远离束腰的发散角近似恒定。虽然束腰和远场发散角都可以通过光学系统改变，但对于确定的输出激光束，其束腰半径和远场半发散角的乘积（光束参量积，Beam Parameter Product，BPP）为恒量，即束腰直径小对应发散角大，束腰直径大则发散角小。因此，要对输出激光束进行压缩发散角实现准直，就需要对激光束进行扩束，增加激光束的束腰直径。扩束系统就是通过不同的光学设计将输入的窄光束激光变换为宽光束激光输出，假设扩束比为m，则对应激光束的发散角将压缩至原来的$1/m$，因此，经过扩束系统后，激光能够在不超过最大光束直径限制的条件下传输更远的距离（图5-32）。

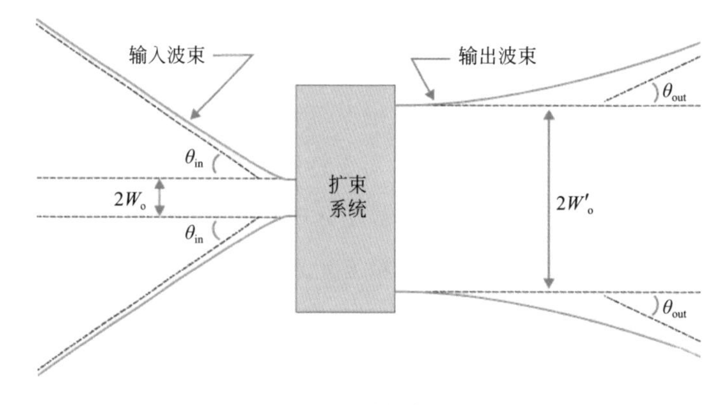

图5-32　激光扩束示意图

激光扩束系统主要分为透射式和反射式。透射式扩束系统又可分为伽利略扩束系统和开普勒扩束系统（图5-33和图5-34），反射式扩束系统一般包括格里高利系统和卡塞格林系统。同样，通过调整光学系统的焦距，可以调整输出激光的发散角。对于较为均匀的接收端光束分布，需要采用多激光束输入（或激光分束）对应多组光学系统进行光束合成的方式获得。

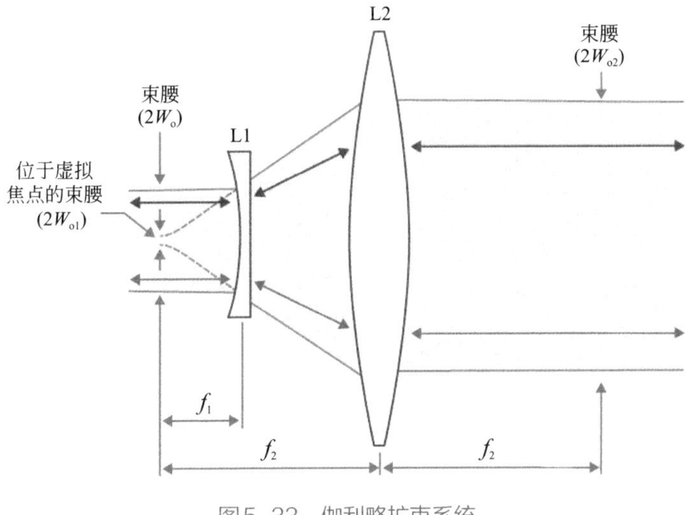

图5-33　伽利略扩束系统

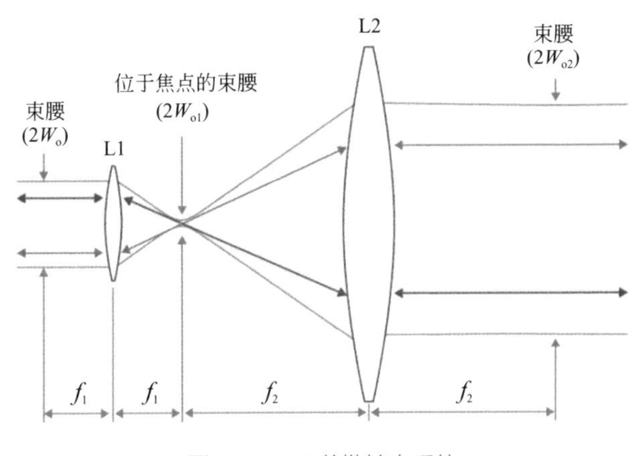

图5-34　开普勒扩束系统

对于1064nm激光器，假设单个光纤激光器光束质量约为1.2，而采用光谱组束技术形成的高功率激光器光束质量约为1.8，对应不同的发射光学系统直径，光学系统按照10倍调焦能力，在不同的传输距离下对应的接收端光束光斑尺寸见表5-1。其中，光斑直径对应于86.5%能量的位置，40000km距离对应最小发散角，且所有光斑尺寸不超过40000km对应的光斑尺寸。

表5-1　1064nm激光接收端光斑尺寸与传输距离的关系

光斑直径/m 光学系统直径/mm \ 传输距离/km	100	1000	10000	20000	40000
1000	1.03 ～ 10.3	2.6 ～ 26.4	24.4 ～ 97.5	48.8 ～ 97.5	97.5
2000	2.0 ～ 20.0	2.3 ～ 23.4	12.4 ～ 48.8	24.5 ～ 48.8	48.8
3000	3.0 ～ 30.0	3.1 ～ 31.1	8.7 ～ 32.7	16.5 ～ 32.7	32.7
5000	5.0 ～ 20.1	5.0 ～ 20.1	7.0 ～ 20.1	11.0 ～ 20.1	20.1

激光无线能量传输需要高精度的光束指向控制，可以采用类似于激光通信的APT技术，即捕获（Acquisition）、指向（Pointing）和跟踪（Tracking）。其基本原理在于接收端发射信标激光，发射端捕获信标激光，通过高精度的机械和光学指向控制实现对接收端的持续跟踪，从而实现连续的高精度能量传输。APT系统一般分为粗跟踪子系统、精跟踪子系统和信号处理及控制子系统。粗跟踪子系统是一个双轴万向转台，可带动光学系统进行大范围的角度调整，但定位精度较低，主要实现大视场的捕获和跟踪；精跟踪子系统在粗跟踪子系统基础上，基于捕获信标激光信号，通过采用由压电陶瓷或音圈电机驱动集成在光学系统中的高精度摆镜实现对目标进行精确指向和精跟踪；信号处理及控制子系统根据姿态信息和CCD传感器反馈的信标激光信息实现对粗、精跟踪子系统的精确控制。

5.2.5　高效激光接收转化

激光无线能量传输的接收端应当尽可能地收集激光光束并且高效地转化为电能，为负载供电。为了高效率地收集激光，激光接收端要覆盖整个激光光斑（由于激光光束为高斯分布，一般考虑对应于86.5%能量的位置），考虑到激光指向精度引起的位置偏差影响，激光接收端面积应大于激光光斑面积，而对于超远距离能量传输，受到光学发射端尺寸和接收端尺寸的限制，应尽可能覆盖光束中心能量较高的光斑部分。同时，激光电池应具有非常高的激光吸收率。激光的高效率转化也可以考虑光-热-电方式，但一般采用光-电方式。不同于太阳电池，激光电池对应的激光光谱范围极窄，而太阳光的光谱范围很宽；另外，激光的分布为极不均匀的高斯分布，而太阳光为均匀分布。

由于激光是单色或准单色光辐射，选用合适的禁带宽度（禁带宽度略小于光子能量且量子效率高）的半导体材料，能够最大化地利用光子能量，理论上可以获得远高于太阳电池的光电转化效率。图5-35中给出了一些半导体材料在不同波长下的光电转化效率，可以看出，硅基激光电池的光电转化效率相对较低，但对应700～1000nm波长均可获得30%的转化效率。GaAs基激光电池在800～850nm波长范围内具有很高的光电转化效率，该波长与800nm左右半导体激光器匹配，是目前近中距离传输的重点研究对象。德国的Fraunhofer ISE研究所制备了面积为0.054cm^{2}的GaAs基激光电池，使用858nm激光，在平均辐射强度为11.4W/cm^{2}时获得68.9%的光电转化效率，是目前公开报道的最高实验效率（图5-36）。但当波长超过870nm后，GaAs基激光电池效率急速下降，对于光纤激光器常见的1000nm以上的输出激光，一般采用三元Ⅲ-Ⅴ族半导体材料$In_xGa_{1-x}As$，以降低材料的禁带宽度（随着In含量增加，禁带宽度降低），实现对更长波长激光的光谱响应，如图5-37所示。目前在波长1064nm、平均辐射强度5.2W/cm^{2}的激光照射下，制备的$In_{0.23}Ga_{0.77}As$基激光电池效率达到50.6%。激光电池的设计还应当考虑实际应用，对于高功率密度激光，需要特别考虑高功率密度下

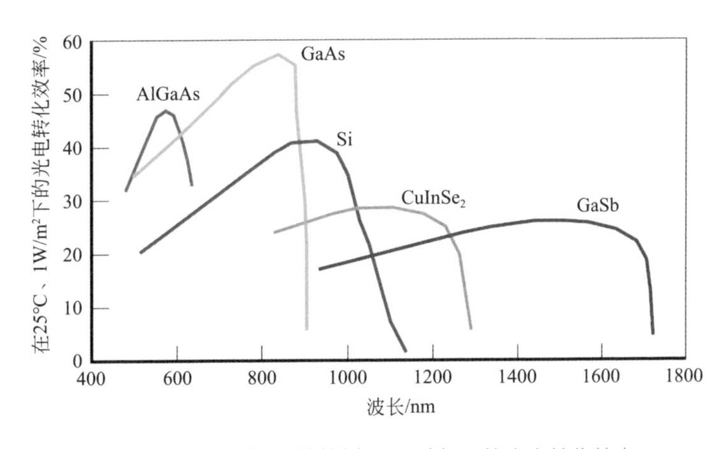

图5-35　不同半导体材料在不同波长下的光电转化效率

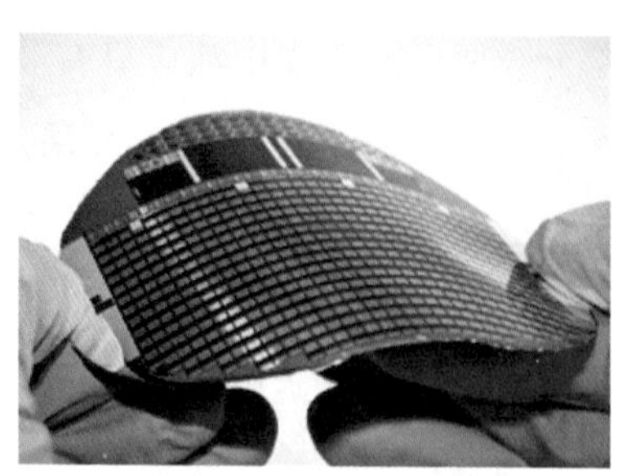

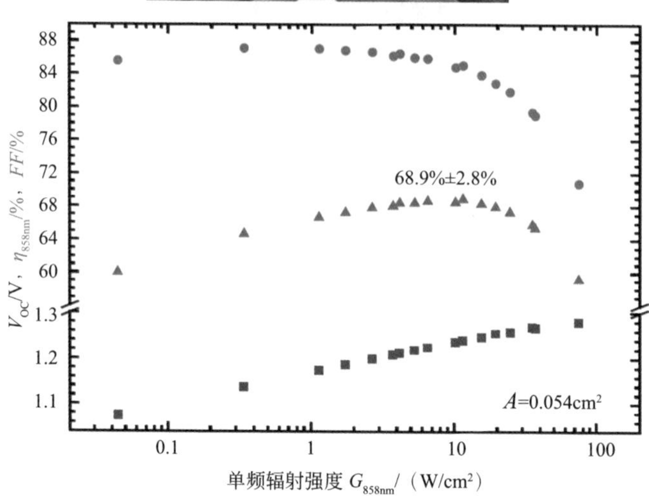

图5-36　Fraunhofer ISE研究所研制的高效激光电池

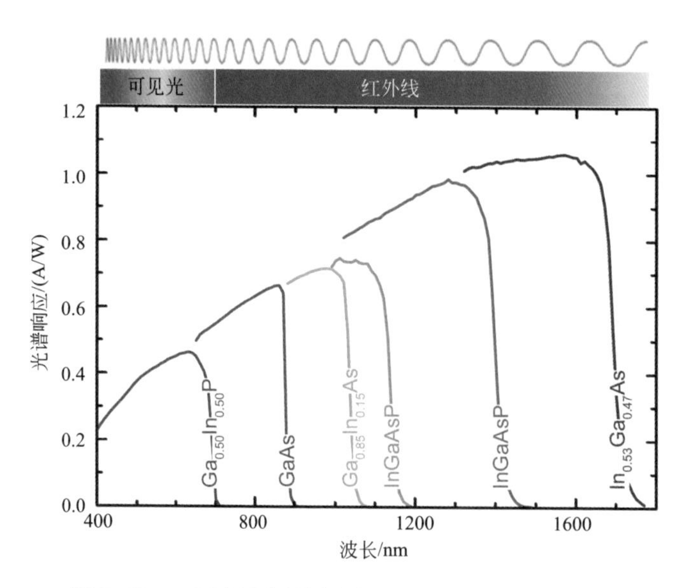

图5-37　不同半导体材料对应不同波长的光谱响应曲线

的器件设计，还要进行特别的散热设计；而对于极低功率密度激光应用，则需要考虑弱光下激光电池的光谱响应。

除了选择匹配的激光电池外，由于激光光束为极不均匀的高斯分布（图5-38），再考虑激光指向的变化，激光电池阵表面的激光功率密度极不均匀且动态变化很大，使得激光电池的电气连接变得十分复杂，会极大地影响接收电池阵的转化效率。在不均匀辐射下，电池单体直接串联会导致电池间失配现象严重，从而会降低阵列的转化效率。而电池单体直接并联会使阵列的输出电压较低，同时当光照强度分布变化时，阵列效率的稳定性差。因此，通过优化光伏阵列电气连接结构来提高光伏阵列转化效率的核心思想是：在满足系统工作电压和电流的前提下，通过不同的串、并联方式，来调整不均匀光照在光伏阵列电气结构中的分布，包括串-并联（Series-Parallel，SP）结构、完全交叉（Total-Cross-Tie，TCT）结构和桥式（Bridge-Linked，BL）结构等（图5-39）。其中，TCT结构是一种激光电池先并后串的电气连接方式，能较好地解决辐射不均匀时因电池间失配而造成的功率损失问题，从而尽可能降低失配现象，提高阵列转化效率。针对实际应用，如何进行合理的电气连接，并且通过控制实现高动态范围的高效率功率输出依然存在很大的难题。

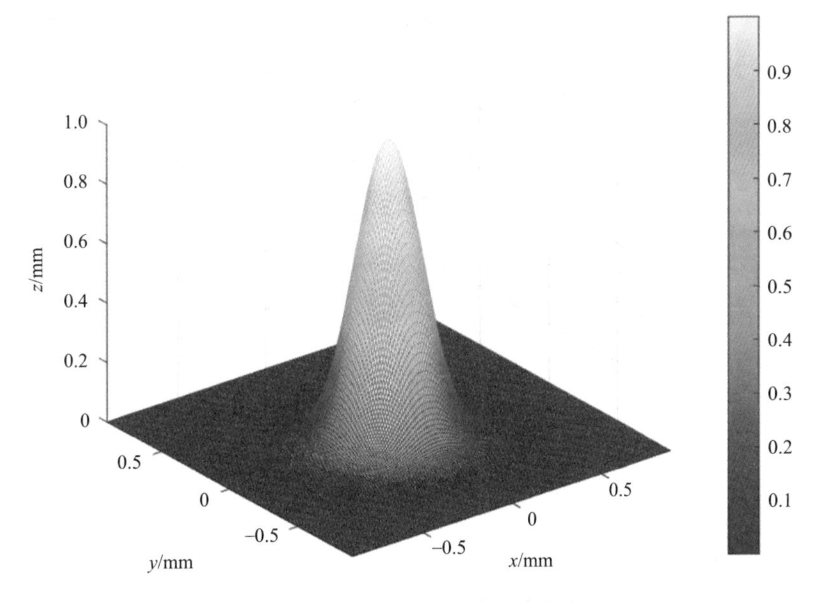

图5-38　典型的高斯分布激光光束

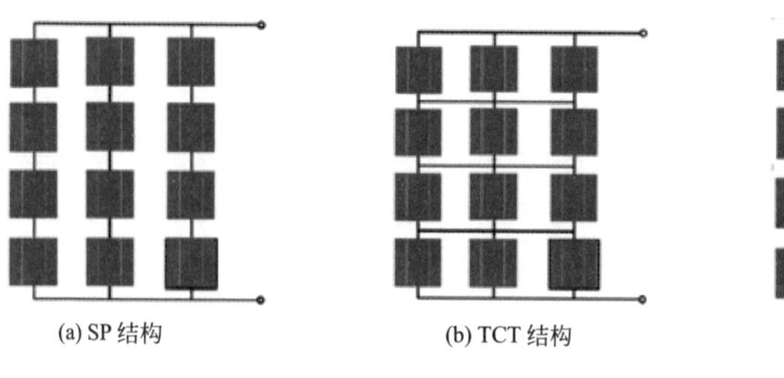

图5-39　典型的激光电池连接方式

5.2.6　激光无线能量传输的可能应用场景

激光无线能量传输的灵活性使其具有多种可能的应用（图5-40）。图5-41给出了激光无线能量传输的不同应用场景，传输端位置可以为地面、空中、平流层、空间（低轨、高轨）、月球轨道、月面等，接收端位置主要包括地面、空中、空间以及月面等。表5-2中给出了不同应用场景对应的技术需求及其特点。

图5-40　典型的激光无线能量传输应用

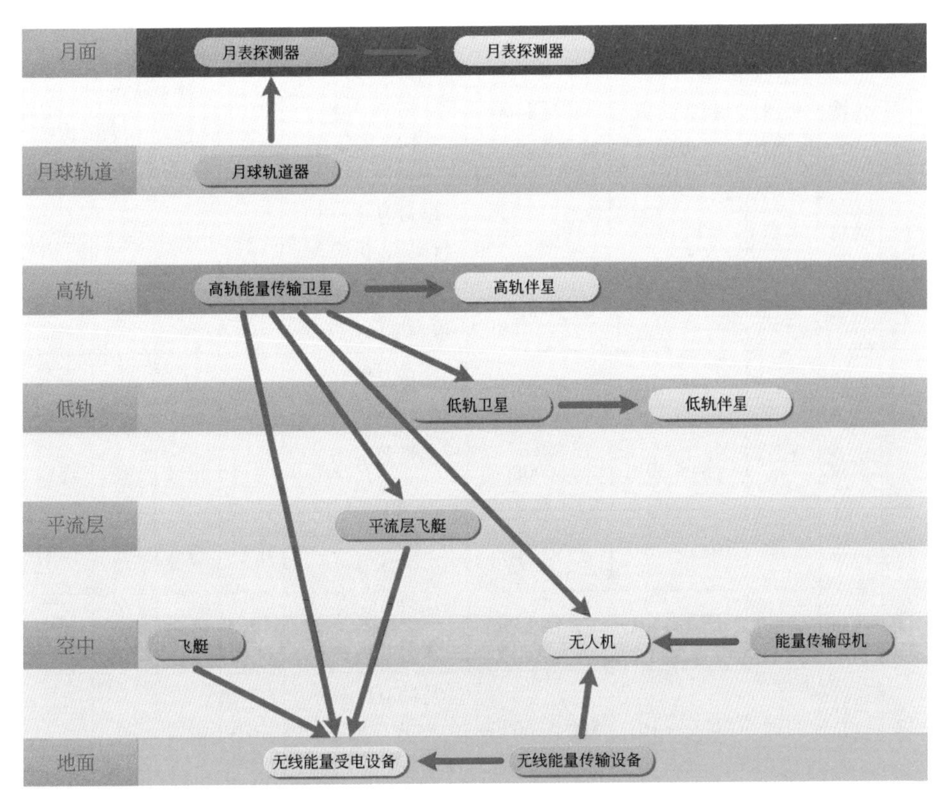

图5-41　各种可能的激光无线能量传输场景

表5-2　不同激光无线能量传输场景的特点

序号	传输端	接收端	接收功率/kW	传输距离/km	典型应用	技术特点			
						功率	传输距离	指向范围	连续性
1	地面	地面	0.01 ～ 10	0.01 ～ 5	地面——地面无人设备	中小	中短	宽	看天气
2	地面	空中	0.5 ～ 5	0.1 ～ 5	地面——无人机	中小	中短	宽	看天气
3	空中	地面	1 ～ 10	1 ～ 2	飞艇——偏远地区、灾区	中小	中	窄	连续
4	空中	空中	0.1 ～ 0.5	0.1 ～ 2	能量母机——无人机	小	中短	窄	连续
5	平流层	地面	1 ～ 10	20 ～ 30	飞艇——偏远地区、灾区	中小	远	窄	看天气

续表

序号	传输端	接收端	接收功率/kW	传输距离/km	典型应用	技术特点			
						功率	传输距离	指向范围	连续性
6	低轨	低轨	0.1 ～ 0.5	0.1 ～ 10	能量卫星——伴星、机器人	小	中短	窄	连续
7	高轨	地面	5 ～ 50	36000	能量卫星——偏远地区、灾区	中大	超远	窄	看天气
8	高轨	空中	1 ～ 10	36000	能量卫星——无人机	中小	超远	窄	看天气
9	高轨	平流层	5 ～ 50	36000	能量卫星——飞艇	中大	超远	窄	连续
10	高轨	低轨	0.1 ～ 5	36000	能量卫星——低轨卫星	中小	超远	宽	间断
11	高轨	高轨	0.05 ～ 0.5	0.1 ～ 10	能量卫星——伴星、机器人	小	中短	窄	连续
12	月球轨道	月面	0.2 ～ 10	500 ～ 60000	月球卫星——月表探测器/月球基地	中小	超远	宽	间断/连续
13	月面	月面	0.2 ～ 1	0.1 ～ 5	月表探测器——月表探测器	小	中短	宽	连续

5.2.7 月球激光无线能量传输

月球探测和月球资源开发利用是未来航天领域的重点发展方向，能源供给成为制约月球探测和月球资源开发利用的关键问题，特别是月球长达14天阴影期的供电是一个极大的难题。采用环月轨道或地月L1/L2轨道上的高功率激光无线能量传输系统为着陆器、月球车和月球基地进行能源供给，将大幅提高月球探测器月面工作时间和活动范围，提升月球探测和月球资源开发利用所需的能源供给总量以及供电的安全性和灵活性。另一方面，对月球科学探测和资源开发利用具有特殊意义的南、北极永久阴影区进行探测时，可利用激光无线能量传输为在月球永久阴影区探测的漫游车进行供电，使得永久阴影区探测成为可能，有效提高月球探测的能力。

针对不同的月球任务需求，主要的月球探测轨道包括月球赤道轨道、月球极地轨道、月球冻结轨道以及地月L1/L2点晕轨道。

① 月球赤道轨道：主要指绕月球赤道运行的环月轨道。该轨道的特点是，在一年的运行区间，均存在月球阴影期，阴影期长度与轨道高度有关。该轨道对月球表面的覆盖区域主要是以赤道为中心的南、北纬一定区域，每个轨道内均可以实现覆盖，对于高纬度和南、北极区域无法实现覆盖（图5-42）。

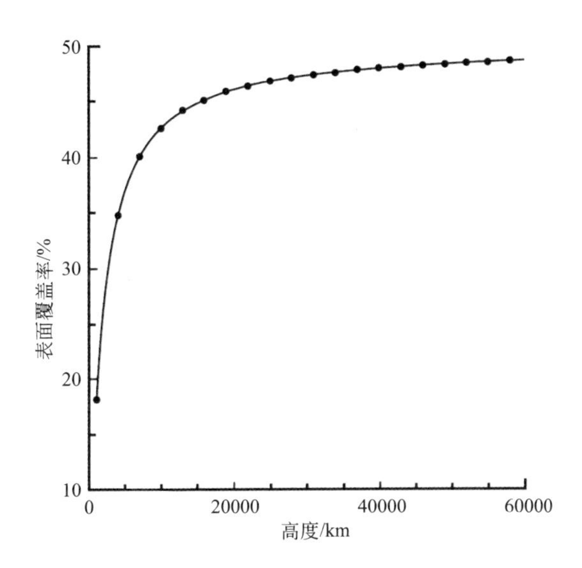

图5-42 月球轨道高度与表面覆盖率的关系

② 月球极地轨道：主要指通过月球南、北极区域的环月轨道。该轨道的特点是，在一年的运行区间，可以设计为不存在月球阴影期。该轨道可以实现对月球全部区域的覆盖，但是只有南、北极及其附近区域可以实现每一个轨道内均覆盖一次，其他区域需要多个轨道才能覆盖一次。

③ 月球冻结轨道：这是一个大椭圆轨道，其优点是几乎不需要进行轨道维持，可以设计对特定区域进行长时间的覆盖，但无法实现连续覆盖。典型月球冻结轨道周期为12h，每圈约10h可见。

④ 地月L1/L2点晕轨道：在地月引力系统也存在五个平动点，类似于日地平动点。其中，地月L1点距离月球中心距离为53000 ～ 59000km，地月L2点距离月球中心距离为59000 ～ 66000km。由于月球自转与公转速度相同，L1点和L2点相对月球表面处于静止状态，因此，L1点可以实现月球正面的基本全部覆盖，L2点可以实现月球背面的基本全部覆盖。

图5-43　环月轨道激光无线能量传输示意图

对于一个典型的基于环月轨道激光无线能量传输的月表探测器供电应用（图5-43），初步构想如下。

任务设想采用激光无线能量传输方式，通过运行于月球赤道环月轨道（或极轨）的轨道器激光无线能量传输平台，在每个轨道周期内向月球赤道（或极区）及一定南、北纬范围内的月表探测器进行非连续供电，实现探测器的生存和探测需求。假设传输供电功率为1kW，接收端直径约为5m。任务包括环月轨道器和月表探测器，主要指标见表5-3。轨道器运行于月球赤道轨道，探测器运行于±30°纬度范围。轨道器持续跟踪太阳，通过激光器为探测器进行无线能量传输，探测器接收激光，并结合蓄电池为探测器提供电力，满足月夜生存和工作的供电需求。环月轨道器主要包括轨道器平台、大功率发电系统、大功率激光器和激光发射装置等。环月轨道器发电功率主要用于蓄电池电力存储，对探测器可见时进行激光定向能量传输。蓄电池也用于阴影期时维持轨道器平台所需的供电需求。月表探测器在光照期主要通过太阳光获得电能，在阴影期通过激光无线能量传输获得电能。由于激光传输的非连续性，需配置蓄电池，用于阴影期且无法接收激光能量时为探测器提供基本能源供给。

表5-3　环月轨道激光无线能量传输技术指标

环月轨道器		月表探测器	
激光传输距离/km	500～900	激光电池类型	InGaAs
电池阵发电功率/kW	5	激光电池转化效率/%	40
激光器供电功率/kW	12	激光电池阵直径/m	3
激光波长/nm	1064	发电功率/kW	1.2
激光器电光转化效率/%	40	平均供电功率/W	200
激光器激光发射功率/kW	4.4		
光学发射直径/m	0.5		
指向精度/urad	1		

第6章

空间太阳能电站运输、在轨构建及末期处理

6.1　空间太阳能电站组装运输模式分析

空间太阳能电站的质量和体积巨大，需要根据运载火箭的运输能力（包括发射质量和包络尺寸），分解为多个模块发射入轨后进行在轨组装，最终运行轨道为地球静止轨道（GEO）。一般采用运载火箭将GEO轨道卫星发射到地球同步转移轨道（GTO），之后通过卫星自身的推进系统完成GTO轨道到GEO轨道的转移，也可直接将其发射进入GEO轨道或从近地轨道（LEO）利用推进系统逐渐转移至GEO轨道（图6-1）。

对于空间太阳能电站，根据电站模块组装地点的不同可分为三种典型任务模式，即近地轨道组装运输模式、地球静止轨道组装运输模式，以及近地轨道与地球静止轨道组装相结合的运输模式，三种模式对运输过程和运输能力的影响有很大不同，但都需要使用重型运载火箭将电站模块分次发射到近地轨道。而对于从近地轨道到地球静止轨道，考虑不同的组装模式，对应运输模式的主要区别在于单次运送的有效载荷质量不同以及采用的轨道间运输器能力不同。

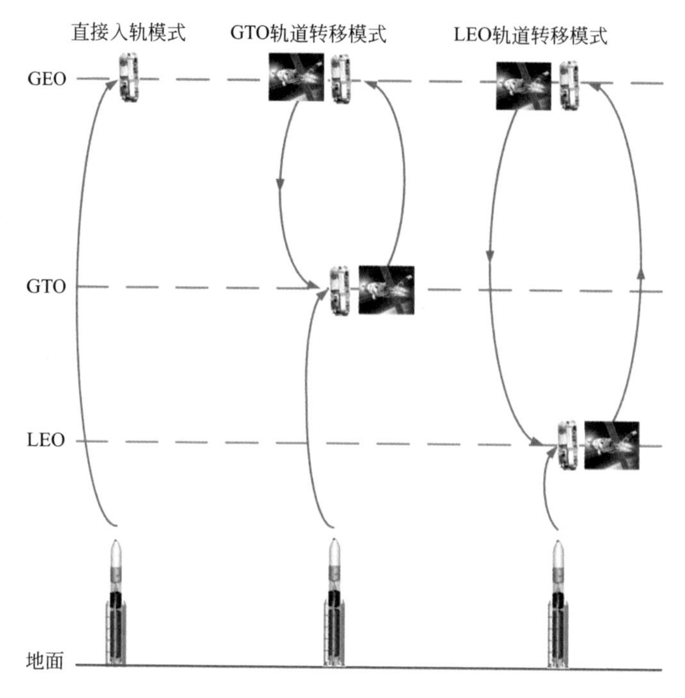

图6-1　GEO轨道卫星发射入轨方式

6.1.1　近地轨道组装运输模式

首先使用重型运载火箭将所有的电站模块发射进入近地轨道，整个空间太阳能电站在近地轨道完成组装，之后依靠空间太阳能电站自身的推进系统将电站从近地轨道运输到地球静止轨道（图6-2）。主要特点包括：所有的模块组装在近地轨道进行，组装的难度较低，便于航天员参与组装；近地轨道停留时间较

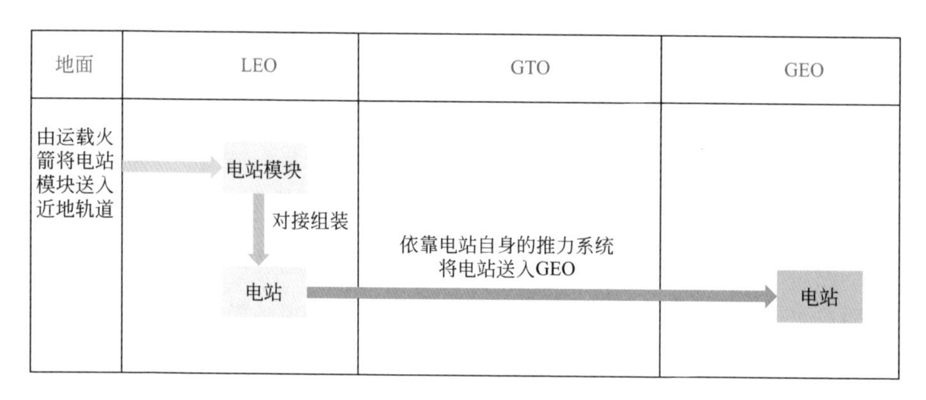

图6-2　近地轨道组装运输模式示意图

长，受原子氧环境、空间碎片等的影响大；低轨的气动阻力、重力等影响较大，组装过程中的姿态调整和轨道维持的资源消耗较大；整体运输对电站推进系统的总推力和推进剂总量要求很高，电站的整体规模将大幅增加；受到电站总推力的限制，电站从近地轨道转移到地球静止轨道的时间较长；由于电站自身无法增加辐射防护，地球辐射带对电站设备的辐射影响大，特别是太阳电池阵的性能衰减较大，会较大地影响电站的寿命；无须配置专门的轨道间运输器。

6.1.2 地球静止轨道组装运输模式

首先使用重型运载火箭将电站模块发射进入近地轨道，再利用火箭上面级或轨道间运输器将所有的电站模块运输到地球静止轨道，在地球静止轨道完成所有模块的组装工作（图6-3）。主要特点包括：所有的组装过程在地球静止轨道进行，受空间碎片的影响相对较小，航天员参与组装的可能性小；进行模块化运输，对轨道间运输器的运输能力要求较低，但是需要较多的轨道间运输器支持；可以通过轨道间运输器的防护罩减小轨道转移过程中地球辐射带对电站模块的辐射影响；轨道间运输器可以通过近地轨道的推进剂补给以及太阳电池阵更换实现长期可重复使用。

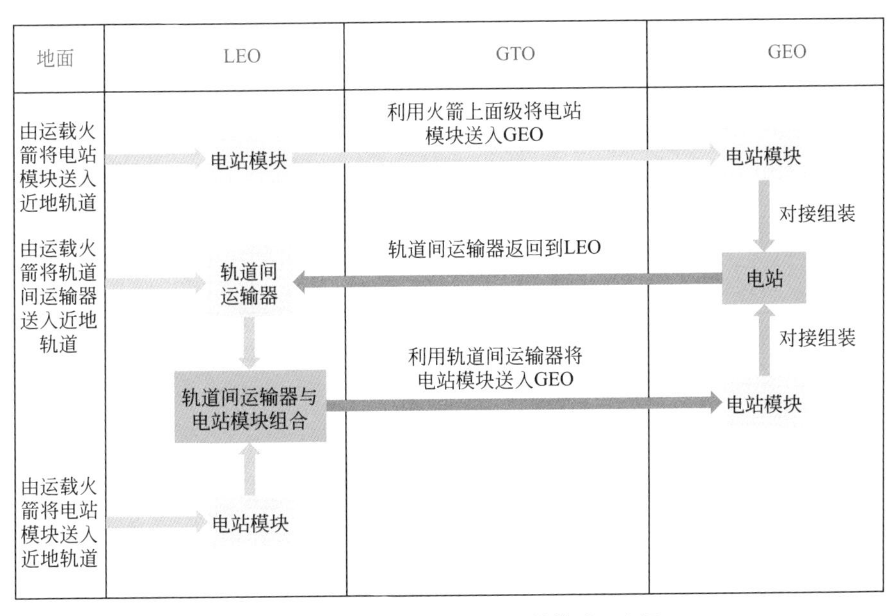

图6-3 地球静止轨道组装运输模式示意图

6.1.3 近地轨道与地球静止轨道组装相结合运输模式

使用重型运载火箭将所有的电站模块直接送入近地轨道，根据需求将电站模块在近地轨道进行部分组装后，再利用轨道间运输器将部分组装后的电站模块组装体运输到地球静止轨道，之后在地球静止轨道上完成电站的最终组装工作（图6-4）。主要特点包括：部分复杂的组装工作在近地轨道进行，便于航天员参与组装；近地轨道组装时间较短，受空间原子氧、空间碎片等的影响较小；对轨道间运输器的运输能力要求较高，但是需要较少的轨道间运输器；低轨组装后的电站模块组装体可能处于展开状态，难以通过防护罩进行防护，轨道转移过程中地球辐射带对电站模块组装体的辐射影响较大；轨道间运输器可以通过近地轨道的推进剂补给以及太阳电池阵的更换实现长期可重复使用。

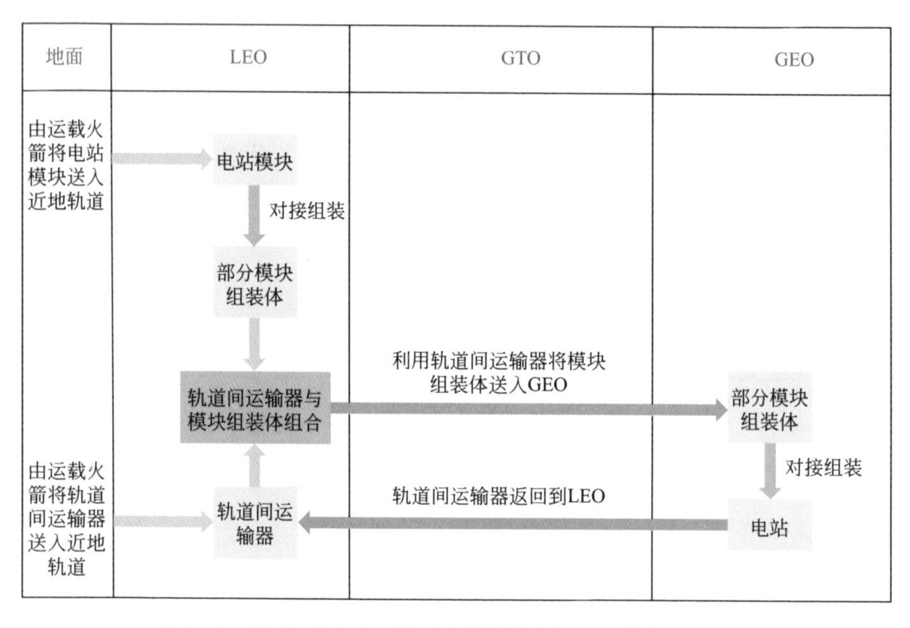

图6-4 近地轨道与地球静止轨道组装相结合运输模式示意图

6.2 空间太阳能电站的运输

根据前面的组装运输模式分析，空间太阳能电站的运输需要考虑从地面到近地轨道的运输以及从近地轨道到地球静止轨道的运输。

6.2.1 地面-LEO运输

目前，国际上已经服役或正在研发的、可用于未来空间太阳能电站发射的典型运载火箭主要包括长征五号运载火箭、长征九号重型运载火箭、猎鹰重型运载火箭、空间发射系统和星舰系统等。

（1）长征五号运载火箭（CZ-5）

长征五号系列运载火箭是我国现役运载能力最大的火箭，是我国空间站建设和深空探测器发射的主力运载火箭，包括二级半构型的基本型长征五号运载火箭（CZ-5）、一级半构型长征五号乙运载火箭（CZ-5B）以及增加上面级的长征五号/远征二号运载火箭（CZ-5/YZ-2）。其中，CZ-5可用于地球同步转移轨道、地月转移轨道、地火转移轨道等众多发射任务，地球同步转移轨道运载能力达到14t级。CZ-5B主要用于近地轨道的重型载荷，大多用于空间站舱段的发射（图6-5）。CZ-5/YZ-2为三级半火箭，可以直接将重型卫星发射到地球静止轨道、中地球轨道或太阳同步轨道，地球静止轨道运载能力达到5.1t。CZ-5系列火箭的主要技术参数见表6-1，运载能力见表6-2。

图6-5　长征五号运载火箭

表6-1　长征五号系列运载火箭主要技术指标

分类	长征五号乙（CZ-5B）	长征五号（CZ-5）	长征五号/远征二号（CZ-5/YZ-2）
级数	1.5	2.5	3.5
全长/m	53.66	56.97	

续表

分类	长征五号乙（CZ-5B）	长征五号（CZ-5）	长征五号/远征二号（CZ-5/YZ-2）
宽度/m	17.3		
起飞推力/t	1052		
起飞质量（不含载荷）/t	837	867	—
助推器			
长度/m	27.6		
直径/m	3.35		
发动机	2×YF-100		
推进剂	液氧/煤油		
芯一级			
级长/m	33.16		
直径/m	5.0		
发动机	2×YF-77		
推进剂	液氧/液氢		
芯二级			
级长/m	无此结构	11.54	
直径/m		5.0	
发动机		2×YF-75D	
推进剂		液氧/液氢	
整流罩			
长度/m	20.5	12.267	
直径/m	5.2	5.2	
有效载荷最大包络直径/m	4.5	4.5	

表6-2　长征五号系列运载火箭主要运载能力

运载火箭	目标轨道	轨道高度/km	轨道倾角/（°）	运载能力/t
长征五号乙（CZ-5B）	LEO	200×400	42	25
长征五号（CZ-5）	GTO	200×36000	19.5	14
	TLI	200×380000	24.5	8.2
	SSO	700×700	98	15
	MTO	200×26000	55	13
	TMI	200×55000000	—	5
长征五号/远征二号（CZ-5/YZ-2）	GEO	36000×36000	0	5.1
	SSO	2000×2000	108	6.7
	MEO	26000×26000	55	4.5

注：LEO：Low Earth Orbit，近地轨道；GTO：Geostationary Transfer Orbit，地球同步转移轨道；TLI：Trans-Lunar Injection，地月转移轨道；SSO：Sun-Synchronous Orbit，太阳同步轨道；MTO：Medium Earth Transfer Orbit，中地球转移轨道；TMI：Trans-Mars Injection，地火转移轨道；GEO：Geosynchronous Orbit，地球静止轨道；MEO：Medium Earth Orbit，中地球轨道。

（2）长征九号重型运载火箭（CZ-9）

长征九号运载火箭是中国正在研发的新一代重型运载火箭，将用于未来的载人登月、深空探测和大型空间基础设施建设，预计首发时间在2028年左右。长征九号重型运载火箭将采用三级半构型，根据不同的助推级以及芯一级发动机数量分成三种构型：无助推器构型、2助推器构型、4助推器构型（图6-6）。芯一级直径为10m，采用4台480t级液氧煤油发动机（对于无助推器构型为5台发动机）；二级采用2台220t级液氧液氢发动机；三级采用4台25t级液氧液氢发动机高空改进型；助推火箭直径为5m，采用2台480t级液氧煤油发动机（表6-3）。现阶段长征九号重型运载火箭的主要技术参数包括：

- 火箭高度：103m；
- 火箭最大宽度：20m；
- 起飞质量：4137t；
- 起飞推力：5873t；

图6-6　长征九号重型运载火箭构型示意图

- 芯级最大直径：10m；
- 助推器直径：5m；
- 助推器数量：4；
- 整流罩直径：7.5m（可根据载荷需求增加）；
- 整流罩长度：25m（可根据载荷需求增加）；
- LEO运载能力：140t；
- GTO运载能力：66t；
- LTO运载能力：50t；
- 发射场：中国文昌航天发射场。

表6-3　LEO 140t级CZ-9火箭典型技术指标

	助推器	芯一级	芯二级	芯三级
直径/m	5	10	10（液氢箱） 7.5（液氧箱）	7.5（液氢箱） 5（液氧箱）
氧化剂/推进剂	液氧/煤油	液氧/煤油	液氧/液氢	液氧/液氢
发动机	2台480t级高压补燃液氧煤油发动机	4台480t级高压补燃液氧煤油发动机	2台220t级高压补燃氢氧发动机	4台25t级膨胀循环氢氧发动机

（3）猎鹰重型运载火箭（Falcon Heavy）

猎鹰重型运载火箭是由SpaceX公司研制的世界上现役推力最大的运载火箭，可部分重复使用（图6-7）。2019年4月11日，猎鹰重型运载火箭成功将“Arabsat-6A”通信卫星发射送入预定轨道，并首次成功回收两枚助推火箭和芯级火箭（图6-8）。猎鹰重型运载火箭基于猎鹰9号运载火箭，在猎鹰9号基础上捆绑两个猎鹰9号的一级火箭作为助推火箭。因此，猎鹰重型运载火箭的长度、整流罩以及二级发动机与猎鹰9号运载火箭完全一致，主要用于重型卫星的发射。猎鹰重型运载火箭的主要参数包括：

- 火箭高度：70m；
- 火箭最大宽度：12.2m；
- 起飞推力：2280t；
- 起飞质量：1420.8t；
- 整流罩直径：5.2m；
- 整流罩高度：13.2m；
- 载荷最大直径：4.6m；
- 载荷最大高度：11m；
- LEO运载能力：63.8t；
- GTO运载能力：26.7t。

图6-7　猎鹰重型运载火箭

图6-8　猎鹰重型运载火箭一级火箭回收

猎鹰重型运载火箭是目前国际上单位质量发射价格最低的火箭，单次发射报价为9000万美元，对应的LEO载荷运输价格约为1500美元/t，主要在于其能够对3枚一级火箭和整流罩进行回收，经过一定的维护和测试后即可再次使用。目前，猎鹰9号的重复使用记录已经达到15次，大幅降低了运载火箭的成本。

图6-9　SLS重型运载火箭系列

（4）空间发射系统

空间发射系统（Space Launch System，SLS）是美国正在研制的新一代重型运载火箭，主要用于执行近地轨道及载人深空探测任务。该项目于2011年启动，继承了航天飞机、德尔塔4重型火箭和战神5号火箭已有的技术基础，该火箭于2022年成功进行首次发射（图6-9）。SLS火箭共设计了3种构型，即SLS-1、SLS-1B和SLS-2，分别包括了载人型和货运型。SLS-1采用五段式固体助推器、通用芯级和过渡型低温上面级，可实现70t近地轨道运载能力和26t月球轨道运载能力。SLS-1B采用RL10-C3氢氧发动机的8.4m直径的上面级，近地轨道运载能力约95t，月球轨道运载能力约37t。SLS-2是在SLS-1B基础上，采用先进助推器替代五段式固体助推器，可以实现约130t的近地轨道运载能力，约45t的月球轨道运载能力，预计在2028年完成研制。

现阶段空间发射系统的主要设计参数包括：

- 火箭高度：111.25m（SLS-2货运型）；
- 火箭级数：2级；
- LEO运载能力：
  - ✧ SLS-1：70t；
  - ✧ SLS-1B：95t；
  - ✧ SLS-2：130t。
- 月球轨道运载能力：
  - ✧ SLS-1：26t；
  - ✧ SLS-1B：37t；
  - ✧ SLS-2：45t。
- 整流罩直径：
  - ✧ SLS-1B：8.4m；
  - ✧ SLS-2：10m。
- 发射场：约翰•肯尼迪国家航天中心。

（5）星舰系统

2017年，SpaceX发布了运载能力更大的大猎鹰火箭发射系统设计方案，主要用于未来的大规模卫星发射、载人月球探测、载人火星探测以及快速的洲际运输等，目前已经正式将其命名为星舰系统，是完全可重复使用的重型运载火箭，将大幅提高运载能力、降低运输成本。整个系统包括两级，第一级为超重型运载级（Super Heavy），第二级为星际飞船级（Starship），两级均可实现完全可重复使用（图6-10）。目前，星舰系统的主要参数包括：

图6-10　星舰系统

- 高度：120m；
- 直径：9m；
- 起飞质量：5000t；
- 级数：2级；
- 整流罩直径：9m；
- 载荷最大高度：18m；
- LEO运载能力（回收）：150t；
- GTO运载能力（回收）：21t；
- GTO运载能力（在轨加注）：150t；
- 月球及火星运载能力（在轨加注）：100t。

超重型运载级的主要参数包括：

- 高度：70m；
- 直径：9m；
- 总质量：3680t；
- 发动机：33台Raptor猛禽发动机（低温液氧甲烷）；
- 比冲（海平面版）：334s；
- 推力：7590t；
- 直接返回到发射塔。

星际飞船级的主要参数包括：

- 高度：50m；
- 直径：9m；
- 干质量：120t；
- 货舱容积：1000m^3；
- 推进剂质量：1200t；
- 发动机：6台Raptor猛禽发动机（3台海平面版，3台真空版）；
- 推力：1500t；
- 比冲（真空版）：382s。

星际飞船级根据任务需求分成不同的构型，目前主要考虑三类任务：

① 作为宇宙飞船：搭载多名航天员或太空乘客，或者携带货物到达月球、

火星或地球的其他地方。

② 作为星际加油站：装载航天器所需的推进剂，在地球轨道上为航天器进行推进剂在轨加注，使得载人星际探索和大规模货物运输成为可能。

③ 作为卫星部署航天器：相当于一个可装载多个卫星的货舱，进入轨道后，根据需求部署多个航天器，也可用于航天器回收以及空间碎片清理。

6.2.2 LEO-GEO轨道间运输

空间太阳能电站的运输需要LEO-GEO轨道间运输系统的支持，根据运输系统推理的不同，大致可以分为三种方式，如图6-11所示：一是采用大推力运输系统（一般为化学推进方式）直接运输到GEO轨道，需要经过LEO轨道的一次加速使远地点达到GEO轨道高度，再通过GEO轨道的一次加速将近地点也提升到GEO轨道高度；二是采用中等推力运输系统，需要在LEO轨道经过多次加速逐渐提升远地点达到GEO轨道高度，再通过GEO轨道的多次加速逐渐将近地点也提升到GEO轨道高度；三是采用连续小推力运输系统（一般为电推进方式），逐渐加速将轨道高度以螺旋线形式逐步提升到GEO轨道。

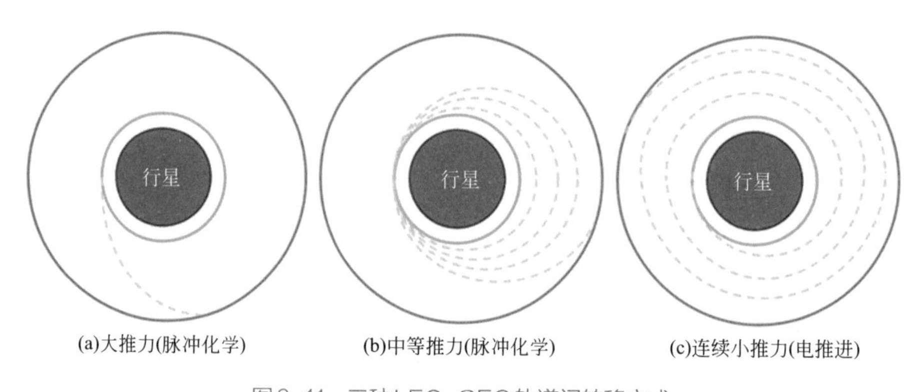

图6-11 三种LEO-GEO轨道间转移方式

空间太阳能电站质量巨大，采用大推力运输系统对推力和推进剂需求极大，目前还没有实际应用的LEO-GEO轨道间运输系统，通过Starship在轨加注（图6-12）可能成为重要的大推力轨道间运输方式，而国际上目前主要考虑采用大功率电推进轨道间运输方式。下面给出一个可重复使用太阳能电推进轨道间运输器概念。

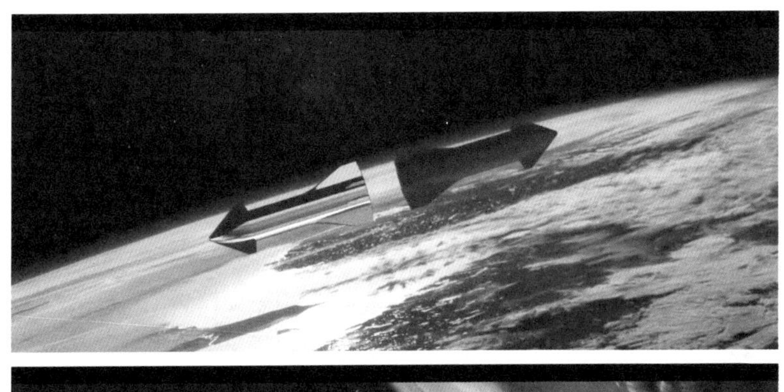

图6-12　Starship在轨加注示意图

可重复使用太阳能电推进轨道间运输器用于在近地轨道捕获、装载空间太阳能电站模块，利用自身的太阳能电推进系统将电站模块运输到地球静止轨道，根据需求对空间太阳能电站模块进行部署，之后返回到近地轨道开展下一次运输。可重复使用太阳能电推进轨道间运输器具有以下功能：

（1）载荷自主捕获功能

轨道间运输器首先需要实现与载荷的交会，之后利用机械臂抓取载荷，并通过机械臂的操作将载荷安装到轨道间运输器的载荷舱。

（2）轨道转移功能

轨道间运输器将依靠太阳能电推进系统将空间太阳能电站模块运输到地球静止轨道，释放载荷后在较短的时间内返回到近地轨道。

（3）载荷精确部署功能

轨道间运输器到达地球静止轨道后，需要实现与空间组装服务平台的交会，利用机械臂将载荷释放并精确部署到平台的指定位置。

（4）**在轨补给功能**

为了实现可重复使用，轨道间运输器需要具备在轨进行推进剂补给的功能，包括在近地轨道和地球静止轨道的推进剂补给。

一个构想的可重复使用太阳能电推进轨道间运输器如图6-13所示。

图6-13　可重复使用太阳能电推进轨道间运输器示意图

可重复使用太阳能电推进轨道间运输器与地面-LEO运输能力相对应，大约为100t，为了减小轨道间运输过程长时间穿越辐射带的影响，需要采用大推力电推进系统。主要技术指标如下：

① 轨道转移范围：LEO-GEO-LEO；

② LEO轨道高度：300km；

③ LEO轨道倾角：0°；

④ 太阳电池阵输出功率：大于1MW；

⑤ 太阳电池阵输出电压：500V；

⑥ 电推力器：参考NASA-457Mv2；

⑦ 电推力器数量：20台；

⑧ 推力：46N；

⑨ 推力器比冲：2740s；

⑩ 质量（不包括推进剂和载荷）：12t。具体可分为：

a. 太阳电池阵：3t；

b. 载荷舱：3t；

c. 服务舱：1t；

d. 机械臂：1t；

e. 推进舱：4t（不含推进剂）。具体可分为：

i. 推力器：2t；

ii. 直驱供电：1t；

iii. 结构及散热：1t。

其整体构型包括载荷舱、服务舱和推进舱，可以通过运载火箭进行发射。载荷舱主要由载荷接口、机械臂和防护罩组成。其中，载荷接口用于安装运输载荷；防护罩应包络整个载荷，直径为11m，长度为25m，用于减小载荷在轨道转移过程中受到的辐射环境、碎片环境和热环境的影响；机械臂最大作用距离约为20m，主要用于载荷捕获安装及释放部署。服务舱直径为4m，高3m，主要由安装整个轨道间运输器的各种服务系统设备组成，包括太阳电池阵、电力管理与分配、热控管理、姿轨控管理、整个运输器的测控及综合管理设备等。推进舱直径为4m，高5m，主要安装多台大功率电推力器、推进剂储箱、电推进供电及管理设备等。

太阳电池阵为两组高效高功率薄膜电池阵，在光照区维持对日定向，实现最大功率输出，每组薄膜太阳电池阵包括两个卷绕式太阳电池阵，通过一个导电旋转关节输出电功率，整个系统共包括四个卷绕式太阳电池阵和两个高功率导电旋转关节。单个卷绕式太阳电池阵尺寸为10m×70m，面积达到700m^2。太阳电池采用多结薄膜GaAs电池，考虑40%的太阳电池效率和80%的布片率，发电功率约为300kW。整个太阳电池阵面积为2800m^2，总发电功率约为1.2MW，采用600V高压输出，以实现电推力器的直驱供电。

电推进分系统包括大功率电推力器、可在轨加注的推进剂储箱以及电推进直驱供电单元和电推进管理设备。考虑到轨道间运输器对推力的需求，电推力器以目前国际上最大功率的NASA-457Mv2（图6-14）为基准，其对应50kW功率、500V工作电压下的推力为2.3N，比冲为2740s。根据推力需求，在电推进舱的末端共安装20台50kW霍尔电推力器（图6-15），周围布置的电推力器具有一定角度的推力方向调节能力。电推进舱的前部安装6个柱形推进剂储箱，最多可以装载30t推进剂，可以进行在轨加注。

图6-14 NASA-457Mv2电推力器

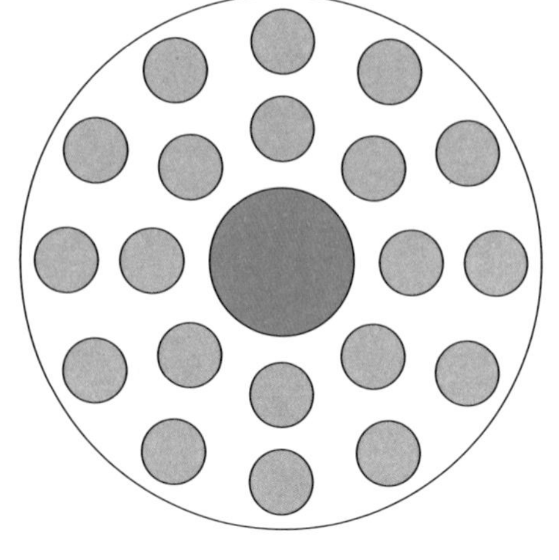

图6-15 对接口及电推力器布局

结构分系统主要包括载荷舱的载荷接口和防护罩（对于需要进行空间防护的运输载荷）、服务舱的结构部分以及电推进舱的结构部分，用于安装轨道间运输器的各种设备，保证整体的强度和刚度。载荷接口用于在机械臂的操作下与运输载荷进行对接安装。防护罩需要单独发射，在发射状态处于收拢状态，入轨后在轨展开，之后与轨道间运输器进行组装。防护罩在安装和释放载荷时打开，在运输过程中处于关闭状态。机械臂安装在载荷舱附近，用于抓取载荷，并将其安装到轨道间运输器的载荷舱。到达地球静止轨道并与组装服务平台交会后，利用机械臂将载荷部署到安装平台上。

姿态控制分系统主要用于轨道间运输器的运输过程、交会过程、载荷安装和释放过程的姿态控制和轨道维持。在运输过程，主要保证太阳电池阵的对日定向和正确的推力方向；在交会过程，主要进行轨道调整，实现与载荷或安装平台的交会；在载荷安装和释放过程，需要保持轨道间运输器与载荷或安装平台间的相对位置和相对姿态，便于实现对载荷的捕获安装或释放部署。

除化学推进轨道间运输器和太阳能电推进轨道间运输器外，核电推进轨道间运输器也是可能的方式之一，如图6-16所示，其发电系统采用空间核反应堆电源。另外一种独特的轨道间运输方式称为太空电梯，如图6-17所示，即在地

图6-16 核电推进轨道间运输器

面和GEO轨道间铺设一条运输缆绳，通过太空电梯上方配重的离心力保持平衡，运输器依靠激光传输的能量作为动力实现从地面到空间的往返运输。由于该系统对高强度的轻质缆绳要求极高，目前还没有合适的材料，该方案目前还处于构想阶段。

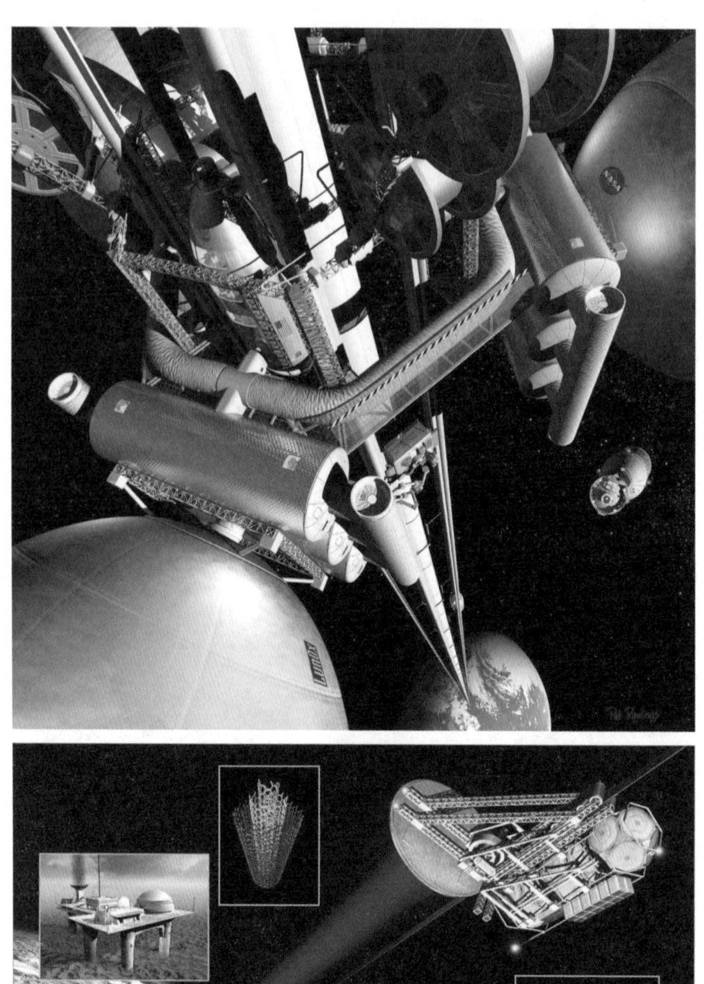

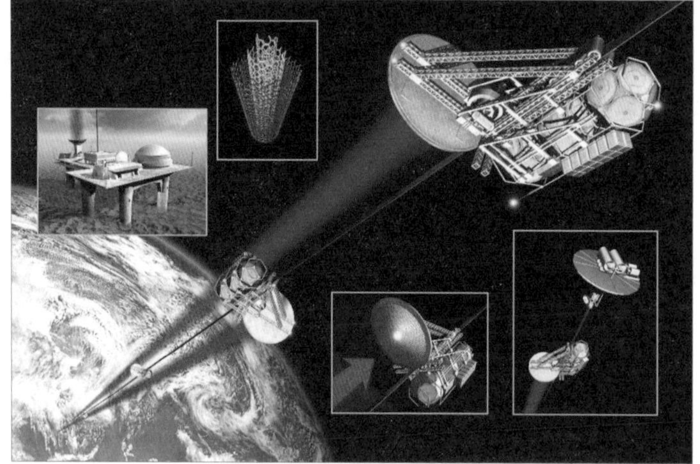

图6-17　太空电梯运输系统

6.3 空间太阳能电站的组装

6.3.1 空间太阳能电站组装设施需求

空间太阳能电站是一个巨大的空间系统，其组装特点如下。

（1）组装规模巨大

空间太阳能电站尺度和质量巨大，长度达到数公里量级，总质量达到近万吨，由数以千计的大型模块组成，组装接口操作次数将达到数千次，组装规模巨大。

（2）组装过程复杂

空间太阳能电站结构复杂，涉及多种组装模块和各种不同的组装位置，组装接口数量巨大，组装规划、模块的运输轨迹、机器人的运动轨迹和组装操作极为复杂，需要多机器人协同组装。

（3）组装环境复杂

空间太阳能电站的组装地点位于地球静止轨道，只能采用机器人组装方式；空间环境恶劣，包括辐射环境、高低温环境以及复杂光照条件；组装维护可能涉及几十千伏的高电压和功率密度达到每平方米数千瓦的微波辐射。

（4）组装效率要求高

空间太阳能电站的组装建造时间应限制在1～2年，在几百天时间内完成数以千计模块的复杂组装操作，对组装的效率提出了极高的要求。

空间太阳能电站的在轨组装设施需要包括空间组装服务平台和多种空间组装机器人。图6-18给出了

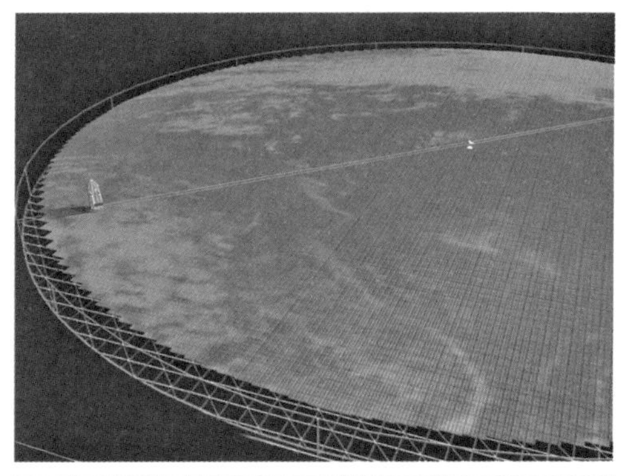

图6-18　微波发射天线机器人组装示意图

微波发射天线机器人组装示意图。

6.3.2 空间组装服务平台

空间组装服务平台主要用于组装模块的临时安放、组装机器人的停靠维护、轨道间运输器和组装机器人的推进剂补给等，需要重点考虑的因素如下。

① 操作能力：能够在较远距离上实现抓取轨道间运输器组装模块，并将其安放到空间组装服务平台；能够将组装模块进行分离，便于组装机器人对组装模块进行抓取和运输。

② 组装模块装载能力：能够装载轨道间运输器一次运输的所有组装模块。

③ 组装模块的环境防护：对临时安放的组装模块提供必要的环境防护，如保持合理的储存温度。

④ 组装机器人停靠维护能力：为组装机器人提供停靠平台，使得机器人可以实现推进剂补给、能量补给、维修维护，并可以为机器人长期驻留提供安置空间和环境防护。

⑤ 推进剂储存能力：能够储存多个轨道间运输器从地球静止轨道回到近地轨道所需推进剂，并且可以实现长期的储存。

⑥ 推进剂补给能力：能够为轨道间运输器返回近地轨道提供足够的推进剂补给；能够为组装机器人提供推进剂补给。

⑦ 轨道保持和机动能力：能够保持在特定的轨道上，并根据组装的需求调整轨道位置。

构想用于空间太阳能电站的空间组装服务平台的技术特点如下。

① 运行轨道：地球静止轨道，位于组装的空间太阳能电站轨道位置附近，组装过程中根据空间太阳能电站规模的扩展调整轨道位置。

② 空间组装服务平台的规模随着空间太阳能电站的组装需求逐渐扩展。

③ 配置大型机械臂，用于将轨道间转移运输器运送的所有模块一次性卸载，并安放于空间组装服务平台的固定位置。

④ 利用机械臂抓取单个模块，临时安放在空间组装服务平台的特定位置，便于空间组装机器人的抓取和运输。

⑤ 配置推进剂储箱和在轨推进剂加注平台，通过机械臂支持轨道间转移飞行器的推进剂补给。

⑥ 配置多个机器人停靠平台，用于同时支持多个空间组装机器人的停靠，实现对组装机器人的推进剂补给、充电以及组装模块的抓取。

⑦ 配备太阳能发电供电系统、姿态轨道维持系统、热控系统和测控通信系统，实现平台的轨道调整、测控通信、设备的供电和温度控制等。

⑧ 空间组装服务平台技术参数：

a. 长度：约50m；

b. 安放两个运输包后的长度：约100m；

c. 宽度：约10m；

d. 可同时接受两个轨道间转移运输器的交会，能够安放两个轨道间转移运输器运输的所有模块，采用电磁对接机构；

e. 可同时支持10个空间组装机器人的停靠；

f. 推进剂储箱容量：50t；

g. 供电功率：500kW；

h. 机械臂操作能力：最大卸载质量为100t，最大操作范围为30m；

i. 轨道间转移运输器推进剂补给距离：30m。

用于空间组装的服务平台还处于概念研究阶段。美国曾于2007年提出可用于空间太阳能电站建造的空间后勤基地概念，如图6-19所示。

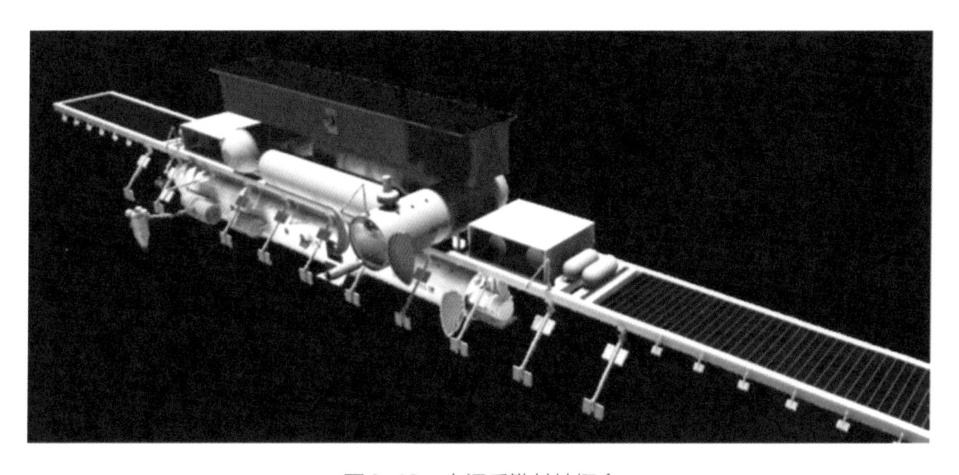

图6-19　空间后勤基地概念

6.3.3 空间组装机器人

空间组装机器人具有完成组装模块的抓取、将模块运输到特定位置、模块间的组装、辅助完成模块的展开等功能，主要包括平台移动式机器人和自由机动机器人。从组装过程考虑，从组装服务平台将组装模块运输到组装位置的工作主要由自由机动机器人完成，对于小型的模块可以采用单个自由机动机器人完成运输，对于大型的模块需要采用多个自由机动机器人完成运输。对于由单个自由机动机器人运输的模块，在接近对接目标位置后，将组装模块传递到平台移动式机器人，由平台移动式机器人完成模块的对接和组装。对于需要由多个自由机动机器人运输的大型模块，在接近对接目标位置后，将组装模块传递到平台移动式机器人，由平台移动式机器人与其他自由机动机器人共同完成模块的对接和组装。综合考虑典型的组装模块和组装状态，空间组装机器人需要重点考虑的因素如下。

① 移动或机动能力：需要根据组装模块的组装和模块的展开需求，确定组装机器人的移动和机动范围。对于平台移动式机器人，需要考虑对所附着平台的需求、移动速度等；对于自由机动机器人，需要考虑机器人的机动能力、机动范围和运动速度。移动或机动能力直接决定了组装对象的尺寸。

② 操作能力：组装机器人的承载能力、机械臂的操作尺度和操作空间、机械手的灵巧程度，决定了组装对象的重量、尺寸以及组装接口状态。

③ 自主能力：为了提高组装的效率以及减少空间组装的地面支持，空间组装机器人需要具备在无人直接参与情况下的自主运动轨迹规划、自主移动、自主目标抓取和自主组装等能力。

④ 协同能力：空间太阳能电站尺寸巨大，对应的组装模块尺寸也非常大，需要多个组装机器人协同配合工作，进行复杂大型模块的组装。

⑤ 能源供给方式：空间组装机器人工作全程需要供电支持，考虑到组装机器人的运动范围较大，可以考虑采用自带电源系统、有线供电和无线供电相结合的方式进行，包括体装太阳电池、蓄电池、有线供电接口及无线供电装置（包括近距离的电磁感应式供电以及远距离的激光无线供电等）。

⑥ 推进剂补给：自由机动机器人在空间的机动过程中需要消耗推进剂，为

了实现自由机动机器人的长期工作，其需要具备利用空间组装服务平台进行推进剂在轨补给的能力。

⑦ 空间环境适应性：空间组装机器人处于没有防护措施的宇宙空间，长期受到空间恶劣的高能粒子辐射环境、太阳光照环境、高低温环境以及可能的高电压及高功率密度微波辐射环境的影响，应能够长期可靠地工作。

⑧ 低成本：通过空间组装机器人的批量化、自主化、高效率和长寿命的运行，降低空间组装过程的成本。

（1）平台移动式机器人

平台移动式机器人通过桁架或其他结构上的移动平台或者依靠自身的动力系统进行移动并完成空间组装及检测维护操作。平台移动式机器人不需要复杂的轨道机动系统，无需消耗推进剂，移动范围随着结构的扩展可以无限制扩展。

国际空间站的机械臂操作系统是一种典型的平台移动式机器人，空间站几乎所有的大型结构都通过机械臂操作系统进行组装操作，也是配合航天员进行在轨组装和维修等工作的核心设备，主要由空间站遥操作系统（Space Station Remote Manipulator System，SSRMS）、末端专用灵巧手（Special Purpose Dexterous Manipulator，SPDM）和空间站移动平台（Mobile Base System，MBS）组成（图6-20～图6-22）。

图6-20　空间站遥操作系统

图6-21　末端专用灵巧手

图6-22　空间站移动平台

SSRMS是一个七自由度机械臂，长17.6m，自重为1800kg，最大负载质量可达100t，峰值功率为2kW，平均功率为1360W。SSRMS可以与SPDM进行组合，进行更为精细的组装工作。SPDM由两个灵活机械臂组成，机械臂末端可以安装载荷以及各种空间操作工具，可用于设备的安装和拆卸。SPDM的主要技术参数如下：长3.5m，宽0.88m，重1662kg，最大载荷600kg，15自由度，最大功率为2000W，平均功率为600W。

SSRMS可以通过两种方式在空间站上移动。首先，机械臂两端装有附着终端执行器（Lachting End Effector，LEE），可以附着并锁定空间站上的特殊机构——供电及数据抓捕接口（Power Data Grapple Fixtures，PDGF），为SSRMS供电并提供数据、指令支持。空间站上设置多个PDGF，机械臂通过附着不同位置的PDGF在一定范围内实现自主移动。另外，空间站配置了可以在桁架上运动的移动平台MBS，MBS安装在导轨上，实现在桁架上自由移动，并包括4个PDGF接口，可以大大扩展空间站遥操作系统的工作范围。MBS尺寸为5.7m×4.5m×2.9m，重1450kg，最大载荷20900kg，最大功率为825W，平均功率为365W。

20世纪90年代末，针对空间太阳能电站的组装需求，美国卡内基梅隆大学与NASA合作研发了名为Skyworker的空间机器人样机（图6-23），具有在桁架上自主移动以及自主运输载荷的能力，用于在轨组装、检测与维护任务。其主要的组装对象包括太阳电池阵、微波发射天线以及电力系统，代表性工作包括：

① 在桁架结构上行走、转向，以及桁架之间的过渡；

② 在空间中的任意位置和方向抓取并安置有效载荷；

③ 负载情况下的行走、转向，以及桁架之间的过渡；

④ 执行在轨巡检任务；

⑤ 连接电力传输和信号传输电缆；

⑥ 多机器人协同工作，运输大型载荷；

⑦ 开展需要多机器人协作进行的其他任务。

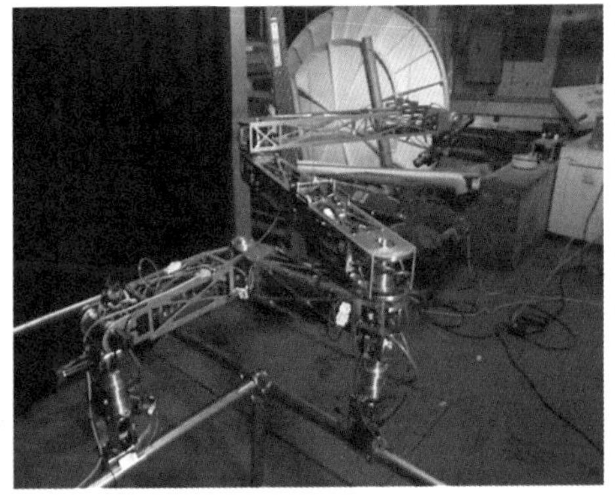

图6-23 Skyworker机器人样机

Skyworker包括11个运动关节，利用电机驱动、行星齿轮和谐波齿轮两级减速器方式。其具有多种传感器，力传感器用于测量Skyworker施加的力，关节角度传感器通过测量结构关节和夹具的转动角度辅助完成任务，位置传感器通过安装在夹具上的红外敏感器测量目标的方向和位置等。

（2）自由机动机器人

自由机动机器人的核心是能够在轨道进行机动，具备自由飞行的能力，同时配备机械臂系统，能够抓取载荷，在达到目标位置后完成相应的组装操作。自由机动机器人相当于具备强大机动能力并配置操作机械臂的航天器，因此其操作范围大大增加，可以实现载荷的快速运输和组装，便于开展超大型空间结构的高效率组装。目前，自由机动机器人的研究处于初级阶段，并没有实际的可用于大型航天器组装的产品。

美国在2007年实施的轨道快车计划对自由机动机器人的功能进行了一定的验证。轨道快车计划包括两个航天器，一个是服务航天器（ASTRO），一个是被

图6-24　轨道快车示意图

图6-25　MEV-1卫星在轨服务任务示意图

服务航天器（CSC）（图6-24）。主要验证技术包括目标接近、位置保持、目标捕获、对接、燃料补给、在轨检测和维修等。ASTRO航天器相当于一个自由机动机器人，由6个部分组成，分别为卫星平台、对接机械臂系统、交会接近敏感器、捕获系统、燃料补给系统以及部件更换单元。轨道快车的工作阶段包括接近阶段、捕获阶段、对接阶段和服务阶段。其中，接近阶段主要包括绕飞、逼近和位置保持。捕获采用了两种方式：直接捕获对接方式和机械臂捕获方式。直接捕获对接方式是通过卫星机动实现与被服务航天器的逐渐逼近，利用三叉形对接机构将两颗航天器连接在一起。机械臂捕获方式是当卫星机动到与被服务航天器一定距离时，采用机械臂抓住目标，通过机械臂将两颗航天器利用对接机构连接在一起。

2020年2月，美国成功发射“任务扩展飞行器”（Mission Extension Vehicle，MEV-1），如图6-25所示，实现与即将达到寿命末期的Intelsat-901卫星的在轨对接，从而替代Intelsat-901卫星的推进系统，实现了卫星的延寿，对GEO轨道在轨交会对接技术进行了很好的验证。

6.4 空间太阳能电站末期处置

空间太阳能电站任务结束后必须进行处置，防止长期占用地球静止轨道或产生空间碎片对其他航天器产生影响。机构间空间碎片协调委员会（Inter-Agency Space Debris Coordination Committee，IADC）是协调空间碎片问题的国际组织，2002年，IADC正式发布了《IADC空间碎片减缓指南》，成为指导世界各国从事航天活动过程中有效控制空间碎片产生的纲领性文件，规定了航天器和运载器减少空间碎片的产生、降低空间碎片对空间系统危害程度的要求和应采取的减缓措施。针对航天器主要运行轨道，《IADC空间碎片减缓指南》给出了轨道保护区域建议，如图6-26所示。

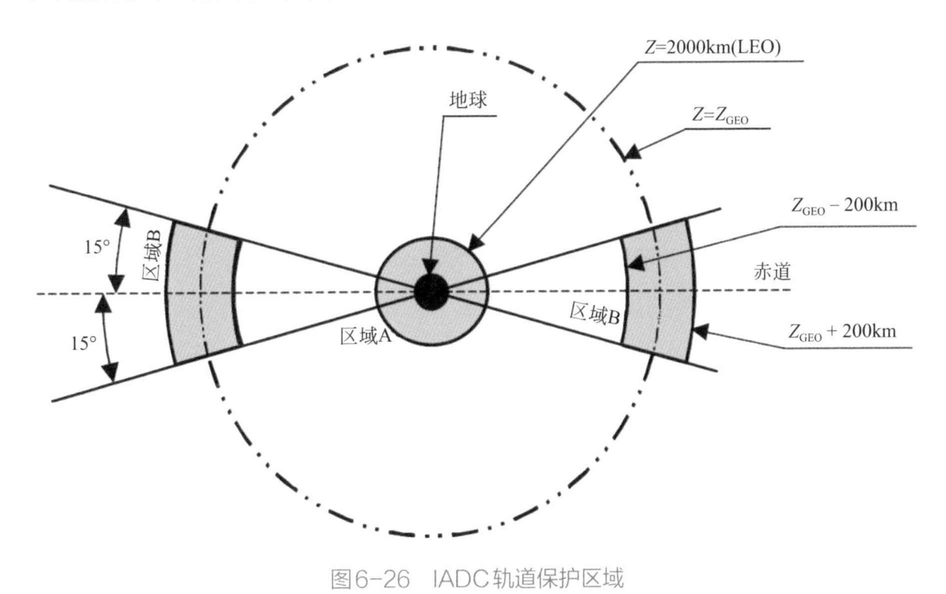

图6-26　IADC轨道保护区域

① 近地轨道（LEO）保护区域A，从地球表面到2000km高度的整个球面空间。

② 地球静止轨道（GEO）保护区域B，地球静止轨道附近的一部分球壳空间，定义如下：

a. 地球静止轨道高度：35786km；

b. 区域高度下边界：地球静止轨道高度降低200km；

c. 区域高度上边界：地球静止轨道高度增加200km；

d. 纬度范围：±15°。

对于已结束任务的近地轨道航天器，应进行离轨操作，最好是直接再入大气或带回地面，或者进行轨道机动、进入到在轨停留时间不超过25年的轨道。对于已结束任务的地球静止轨道航天器，应机动到比地球静止轨道保护区更高的轨道，偏心率不大于0.003，轨道的近地点高度相对于地球静止轨道的最小增量为：

$$235\mathrm{km}+(1000C_R A/m) \tag{6-1}$$

式中 C_R——太阳辐射压力系数；

A/m——面积与质量比，$\mathrm{m^2/kg}$。

空间太阳能电站是一个尺寸巨大的地球静止轨道航天器，在任务结束后，需要按照《IADC空间碎片减缓指南》进行处置，符合轨道碎片减缓的要求。主要可以考虑以下方式：

① 将空间太阳能电站整体运输到比地球静止轨道保护区更高的轨道区域。这种方式操作相对简单，但需要消耗大量的推进剂。

② 将空间太阳能电站整体运输到近地轨道，进行离轨操作。这种方式需要消耗更多的推进剂，由于体积、质量巨大，再入大气存在一定的危险。

③ 进行空间太阳能电站的再利用。对空间太阳能电站部件进行拆解，保留电站的结构等，直接用于后续电站的建造，其他部件通过原位资源利用和在轨制造技术进行重复使用，无法利用的部分通过轨道间运输器运输到比地球静止轨道保护区更高的轨道区域，或者运输到近地轨道进行离轨操作。

第7章

多旋转关节空间太阳能电站

7.1 电站系统组成

多旋转关节空间太阳能电站（MR-SPS）是非聚光构型空间太阳能电站的代表，采用太阳光伏发电和微波无线能量传输方式，利用特殊的构型设计将太阳电池阵电力传输到微波发射天线，大幅降低导电旋转关节的功率（图7-1、图7-2）。

图7-1　多旋转关节空间太阳能电站总体示意图

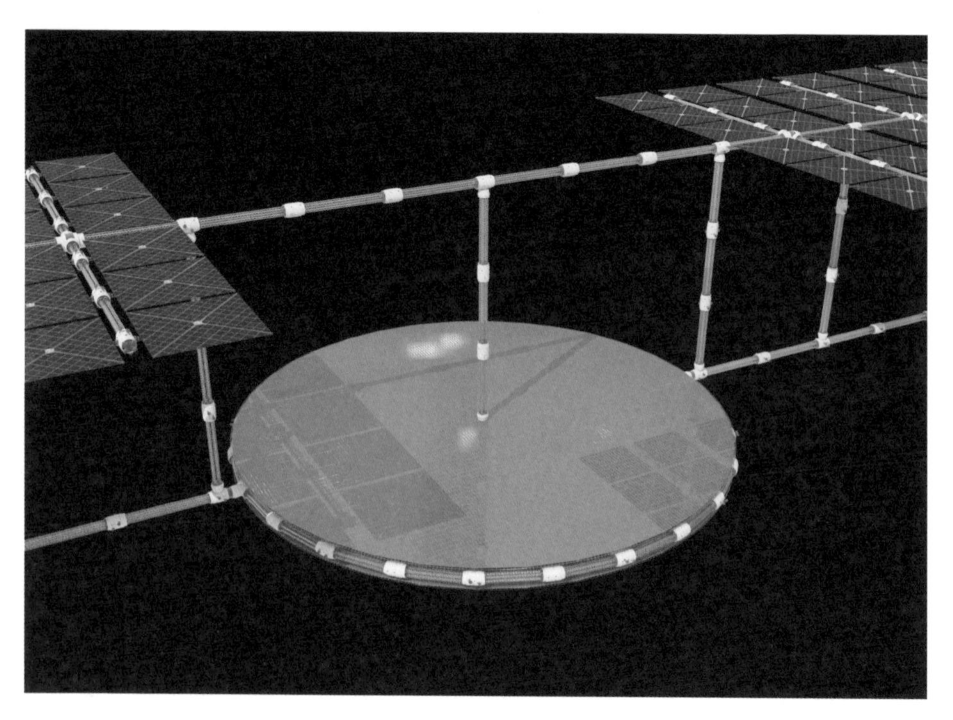

图7-2　多旋转关节空间太阳能电站局部示意图

多旋转关节空间太阳能电站由太阳能收集与转化分系统、电力传输与管理分系统、微波无线能量传输分系统、结构分系统、姿态与轨道控制分系统、热控分系统、信息与系统运行管理分系统组成（图7-3）。太阳能收集与转化分系统的主要功能是收集入射太阳光并将太阳能转化为电能；电力传输与管理分系统将大功率电能传输到微波转化与传输分系统，并且为其他分系统的设备提供所需电能；微波无线能量传输分系统是空间太阳能电站的核心组成部分，将大功率电能转化为大功率微波能，利用大口径发射天线向地面传输能量；结构分系统将各分系统连接在一起，提供必要的刚度和强度，为电站设备提供安装接口，并且为系统的维护提供平台；姿态与轨道控制分系统实现太阳能收集与转化分系统的准确对日定向和微波天线的准确对地定向，保证系统的安全性和高效性，并且维持系统的合理轨道位置和高度；作为一个超大功率、超大尺度的空间系统，热控装置分散到各处，保证各分系统设备和部件的正常工作温度；信息与系统运行管理分系统负责整个电站系统的工作信息收集，并且对整个系统进行统一的运行管理。

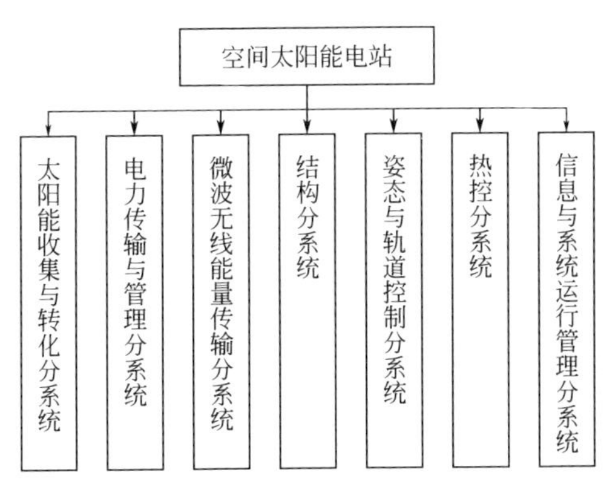

图7-3　多旋转关节空间太阳能电站组成

7.2　电站构型

多旋转关节空间太阳能电站整体构型如图7-4所示，主要由三大部分组成：太阳电池阵（南、北）、微波发射天线和主结构。微波发射天线位于中心，指向地面；太阳电池阵位于南北方向，通过旋转关节对日定向；主结构将太阳电池阵和微波发射天线连接在一起。电力传输与管理设备、姿态与轨道控制设备、

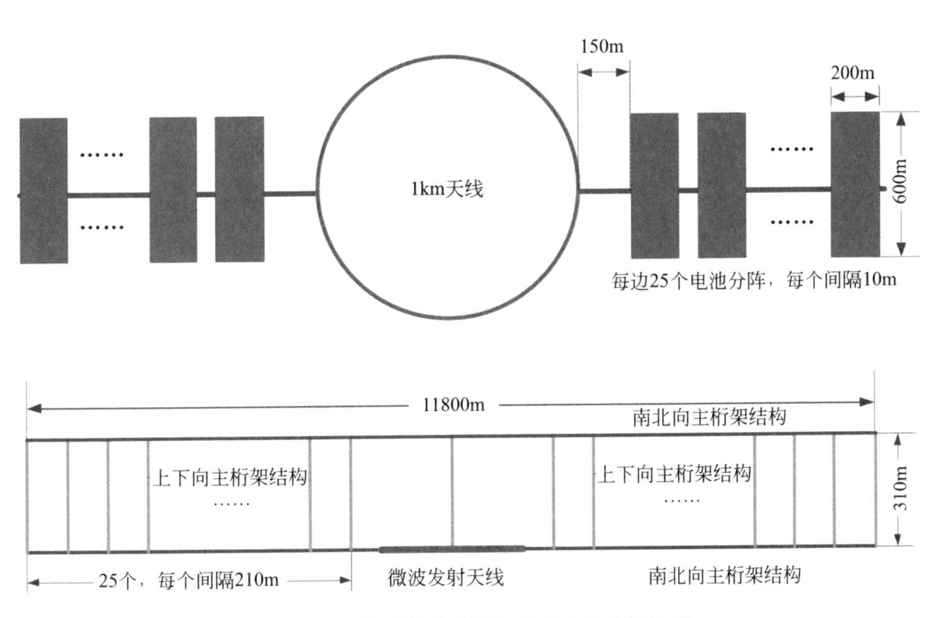

图7-4　多旋转关节空间太阳能电站总体构型

信息管理与控制设备、热控设备等安装在太阳电池阵、微波发射天线和主结构的结构框架上。

GW级空间太阳能电站的太阳电池阵由50个太阳电池分阵组成（南北各25个），每个分阵的尺寸为200m×600m，分阵之间的间隔为10m。为了避免发射天线对太阳电池分阵的遮挡，南北电池阵之间与发射天线对应的位置不布置太阳电池分阵，考虑到黄道夹角的影响，在天线两端各空出约150m的距离不布置太阳电池分阵，太阳电池阵结构的总长度约为11800m。

微波传输频率选择为5.8GHz，考虑36000km的空间到地面的传输距离，以及发射天线和接收天线的尺寸匹配和功率密度等因素，微波发射天线的直径选定为1km。

考虑力学性能，将微波发射天线布置在中间，两侧布置太阳电池阵，三者通过主结构相连。多旋转关节空间太阳能电站采用了特殊的构型，整个主结构由两根南北向主桁架结构和多根上下向主桁架结构组成。其中，上方的南北向主桁架结构用于支撑太阳电池分阵，利用安装在主桁架上的多个导电旋转关节分别驱动太阳电池分阵旋转，以实现太阳电池分阵与主结构之间的独立相互运动；下方的南北向主桁架结构主要用于支撑微波发射天线。两根南北向主桁架结构通过多根上下向主桁架结构连接在一起形成整个结构。其中，上下向主桁架结构和下方的南北向主桁架结构也用于传输电缆的安装。

7.3 能量转化效率分配

整个空间太阳能电站系统的能量效率指标分配见表7-1。

表7-1 空间太阳能电站能量效率指标分配

影响项	效率	总效率
太阳能收集与转化分系统效率（0.29）		
太阳电池效率	0.40	0.4
太阳指向效率	0.99	0.396

影响项	效率	总效率
太阳能收集与转化分系统效率（0.29）		
太阳电池阵设计因子	0.85	0.336
太阳夹角变化平均效率	0.958（23.44°）	0.322
空间环境衰减因子	0.90	0.290
电力传输与管理分系统效率（0.857）		
子阵电压变换效率	0.97	0.281
母线电压变换效率	0.98	0.276
电力传输效率	0.95	0.262
母线降压变换效率	0.98	0.256
微波源电压变换效率	0.97	0.249
服务分系统电力消耗效率	0.999	0.2477
微波转化及发射效率（0.76）		
电力/微波转化效率	0.80	0.198
微波调节效率	0.95	0.188
微波大气传输效率（0.95）		
微波传输效率	0.95	0.179
地面微波接收转化效率（0.727）		
波束收集效率	0.95	0.170
天线接收效率	0.9（考虑指向误差）	0.153
微波/电转化效率	0.85	0.130
地面电力转化效率（0.96）		
电力汇流效率	0.98	0.127
电力变换效率	0.98	0.124

7.4　主要分系统初步方案

7.4.1　太阳能收集与转化分系统

整个太阳能收集与转化太阳电池阵包括50个电池分阵（南北向各25个）。每个电池分阵包括12个电池子阵，分两列布局，每列为6个电池子阵，单个电池子阵的尺寸为100m×100m。电池分阵通过连接到南北向主桁架结构的两个导电旋转关节进行旋转保持对日定向，并将电力传输到主结构上的传输电缆，进而传输到微波发射天线（图7-5）。太阳电池子阵是太阳能收集与转化分系统的基本模块，发射入轨后在轨展开，通过组装形成整个太阳能收集与转化太阳电池阵。

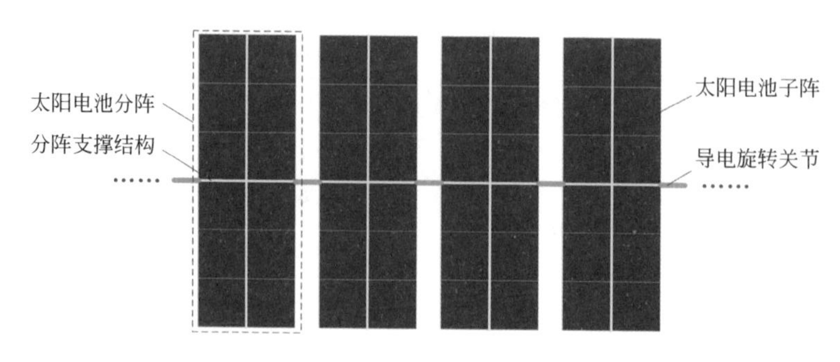

图7-5　太阳电池阵示意图

考虑高效率和薄膜化，选择多结砷化镓（GaAs）薄膜太阳电池，假设GaAs薄膜太阳电池单体尺寸为0.06m×0.12m，转化效率可以达到40%（AM0）。将多个电池单体布设在15μm厚聚酰亚胺薄膜基板上组成一个电池模块，作为电池子阵

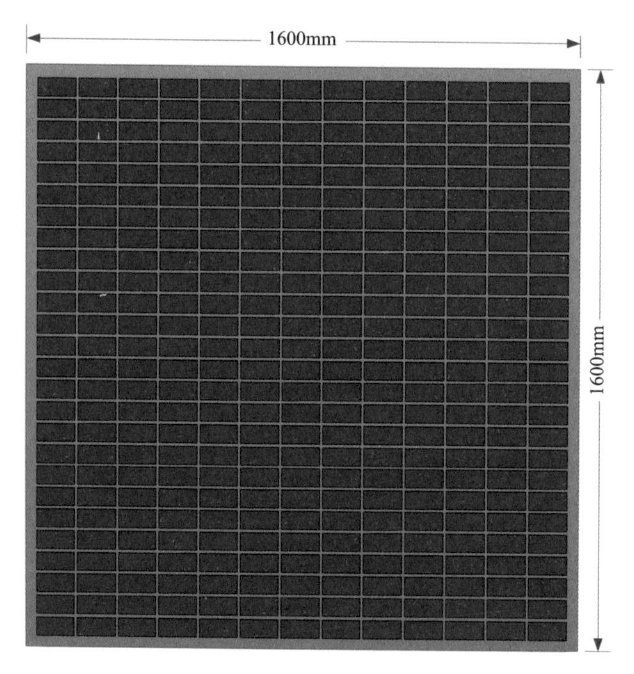

图7-6　GaAs薄膜太阳电池模块

折叠展开的基本单元，采用13并、26串，得到电池模块的输出电压约为127.4V，输出电流约为10.4A，对应尺寸为1.6m×1.6m，如图7-6所示，主要参数见表7-2。

表7-2　电池模块相关参数

面积S_0/m^2	电池单体数量	最佳工作点输出电压/V	最佳工作点输出电流/A	面密度/（g/m^2）	厚度/mm	质量比功率/（W/kg）
2.56（1.6×1.6）	338	127.4	10.4	180	0.05	2875

太阳电池子阵构型方案如图7-7所示，包括展开桁架、薄膜太阳电池阵面、阵面张拉机构、电力传输接口、组装机构等。阵面张拉机构负责子阵展开后保持电池阵面的平面度，电力传输接口负责将子阵的电力进行输出，组装机构用于电池子阵与结构桁架以及电池子阵之间的结构连接。整个薄膜太阳电池阵面在发射时采用二维折叠的方式收拢，运输到目标轨道后利用桁架实现二维展开。

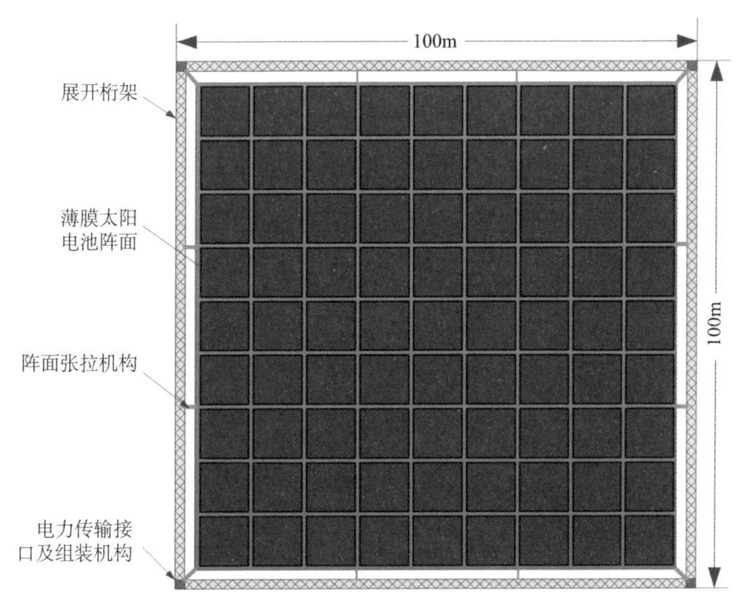

图7-7　太阳电池子阵构型方案

太阳电池子阵整体尺寸为100m×100m，考虑多种因素，在两个方向分别为57个（一次展开方向）和56个（二次展开方向）电池模块，总数为3192个。薄膜太阳电池阵面采用二维折叠方式（图7-8），考虑电缆和折叠弯曲半径等因素，假设平均每层厚度为0.5mm，折叠后的尺寸约为1.9m×1.9m×1.8m。3192个电池模块安装在具有空间辐射防护功能的薄膜基板上，上表面需要包覆对太阳光高透过率的辐射防护层，上下表面的外表面为导电层，防止空间充放电的发生，如图7-9所示。假设封装后的薄膜电池阵厚度为0.25mm。

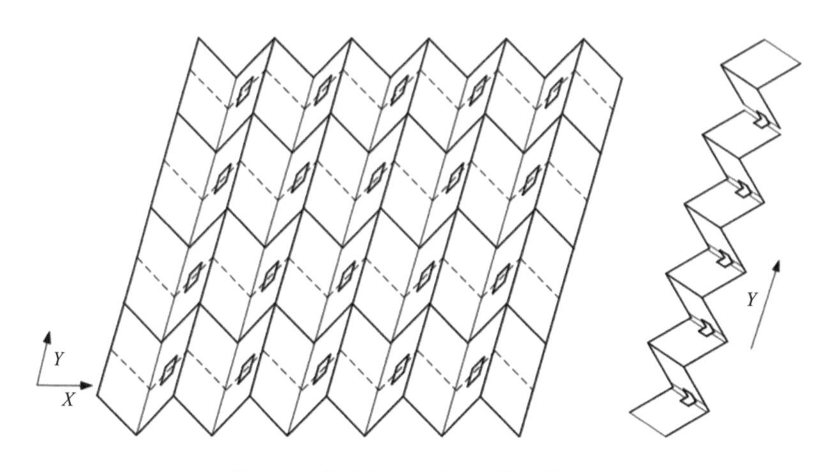

图7-8　薄膜太阳电池阵面的二维折叠

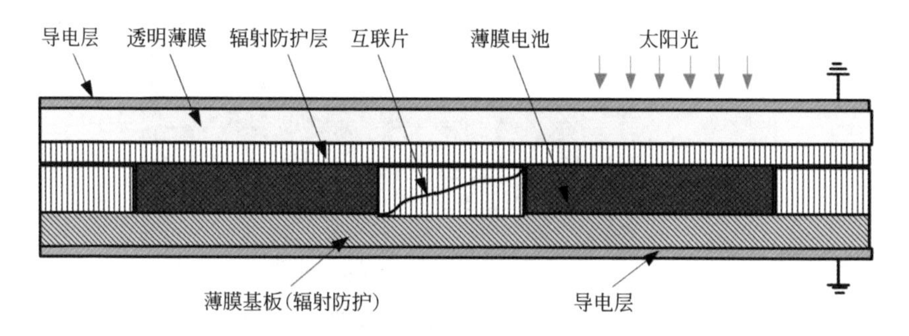

图7-9　柔性薄膜太阳电池组件封装结构

太阳电池子阵采用二维桁架作为支撑结构（图7-10），在X和Y方向的四边各布置一根桁架，桁架与薄膜太阳电池阵面之间采用阵面张拉机构张紧。X和Y方向的4个角布置桁架驱动装置和太阳电池子阵间的对接装置，Z方向为整个太阳电池子阵的封装结构，考虑余量，太阳电池子阵封装状态尺寸最大包络为4m×4m×2m（图7-11）。

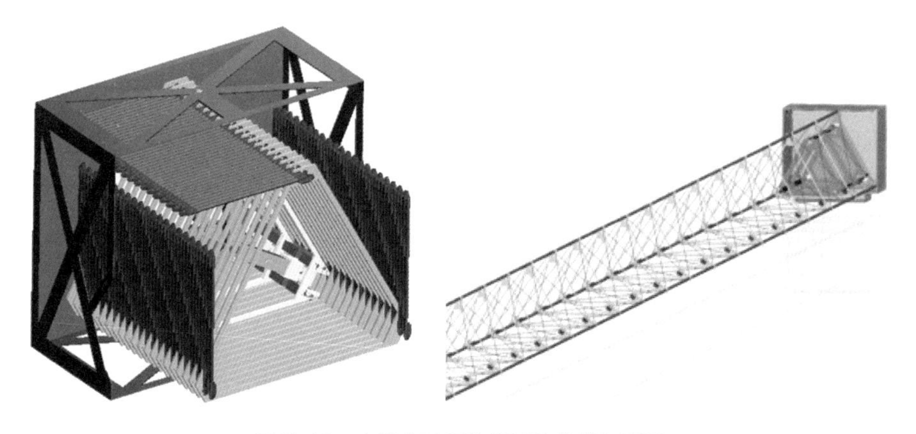

图7-10　太阳电池子阵桁架的收拢和展开

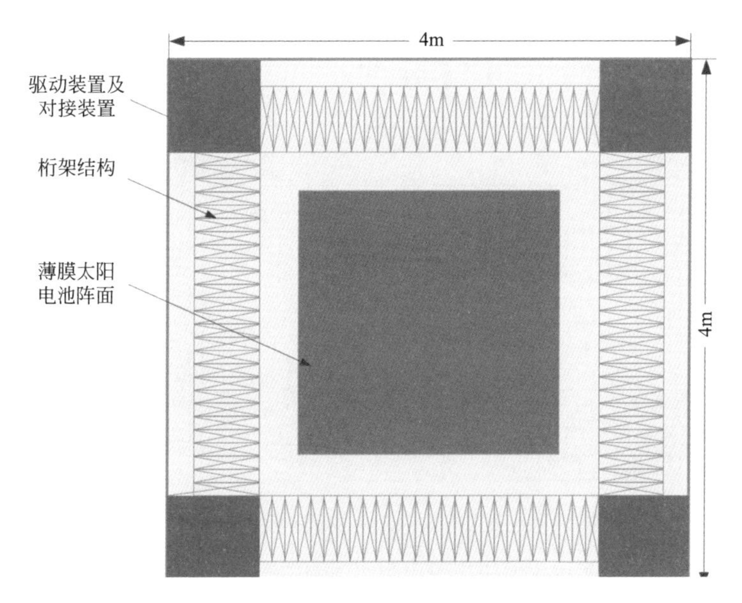

图7-11　太阳电池子阵收拢封装状态

7.4.2　电力传输与管理分系统

根据多旋转关节空间太阳能电站的构型特点，电力传输与管理采用分布式+集中式方式。首先，太阳电池子阵产生的电力汇聚到电池分阵母线，分阵电力分别通过两个导电旋转关节输出电缆，以及上下向主桁架结构和南北向主桁架结构的电缆进行汇集，并传输到微波发射天线，如图7-12所示。整个系统采用多个电压等级的供电母线，太阳电池阵上包括500V中压传输母线、5kV高压传输母线和100V供电母线，主结构传输母线为20kV，微波发射天线部分包括5kV高压母线、500V中压母线，服务分系统供电为5kV高压母线、500V中压母线和100V供电母线。

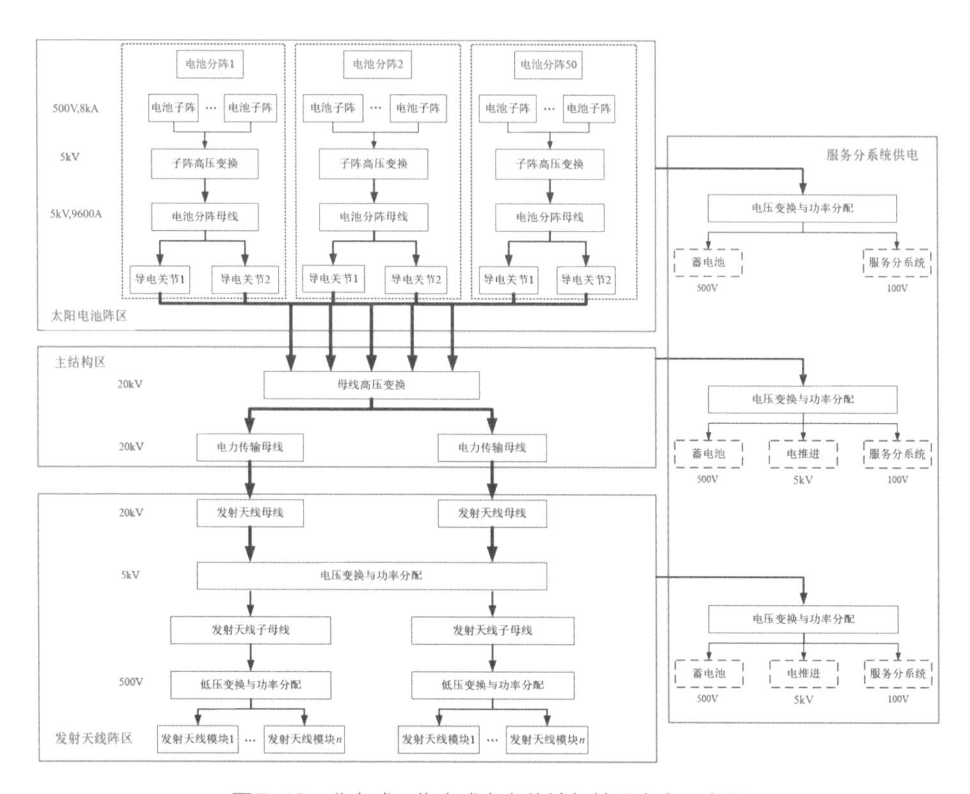

图7-12 分布式+集中式电力传输与管理方案示意图

太阳电池阵区电力传输与管理的主要功能是将太阳电池子阵的电力进行电压变换、汇流调节，传输到导电旋转关节。太阳电池分阵产生的部分电力直接进行分配用于太阳电池分阵上的服务分系统设备供电，同时太阳电池分阵上配置蓄电池储存电能用于阴影期的服务分系统设备供电。主结构区电力传输与管理的主要功能是将太阳电池分阵通过导电旋转关节输出的电力进行汇流调节，利用主结构上的电力传输母线将电力传输到发射天线，并且分配一部分电力用于安装在结构上的相关服务分系统设备供电（包括大功率电推力器等），同时通过蓄电池储存部分电能用于阴影期的服务分系统设备供电。发射天线阵区电力传输与管理的主要功能是将电力传输母线传输的电力进行功率分配、电压变换，传输到微波发射天线的供电单元为微波源进行供电，并且分配一部分电力用于安装在微波发射天线上的服务分系统设备供电，同时通过蓄电池储存部分能量用于阴影期的服务分系统设备供电。

太阳电池分阵由12个电池子阵组成，每个电池子阵输出功率需要通过一个子阵高压变换单元升压到5kV接入分阵母线，每一路分阵母线电压为5kV，电流为4800A，总功率约为24MW，接入对应的导电旋转关节。每个太阳电池分阵需要配置分阵服务母线用于服务分系统设备的供电，采用100V低压母线（图7-13）。同时，每个电池分阵都安装一定的蓄电装置，用于保证阴影期及故障期基本服务设备的正常工作。

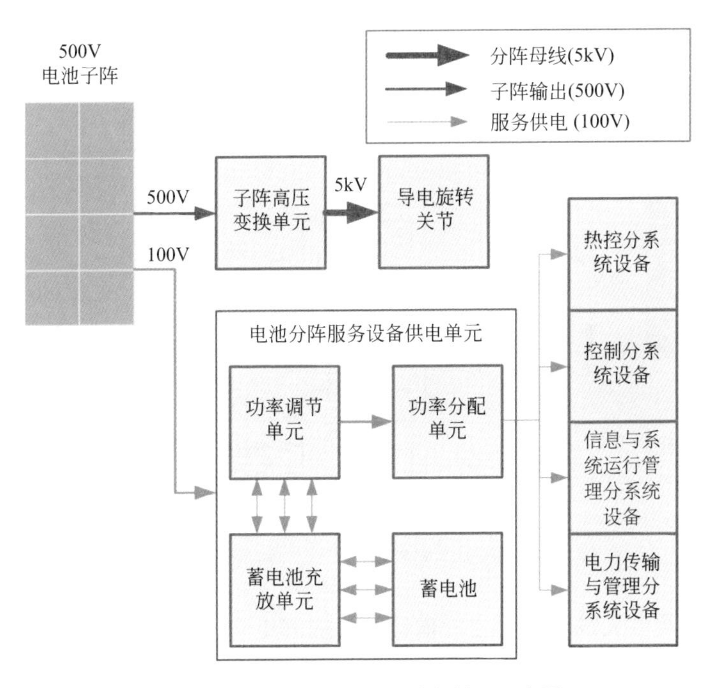

图7-13　电池分阵电力传输与管理示意图

南北50个太阳电池分阵对应的100路分阵母线经过导电旋转关节后，主要功率将通过母线高压变换单元再次升压到20kV，接入电力传输母线，分别通过南北两个接入端连接微波发射天线。部分功率直接用于电推进系统供电，或者经过一次降压变换将电压从5kV降到500V用于蓄电池充电，以及通过二次电压变换用于主结构服务分系统设备供电（图7-14）。

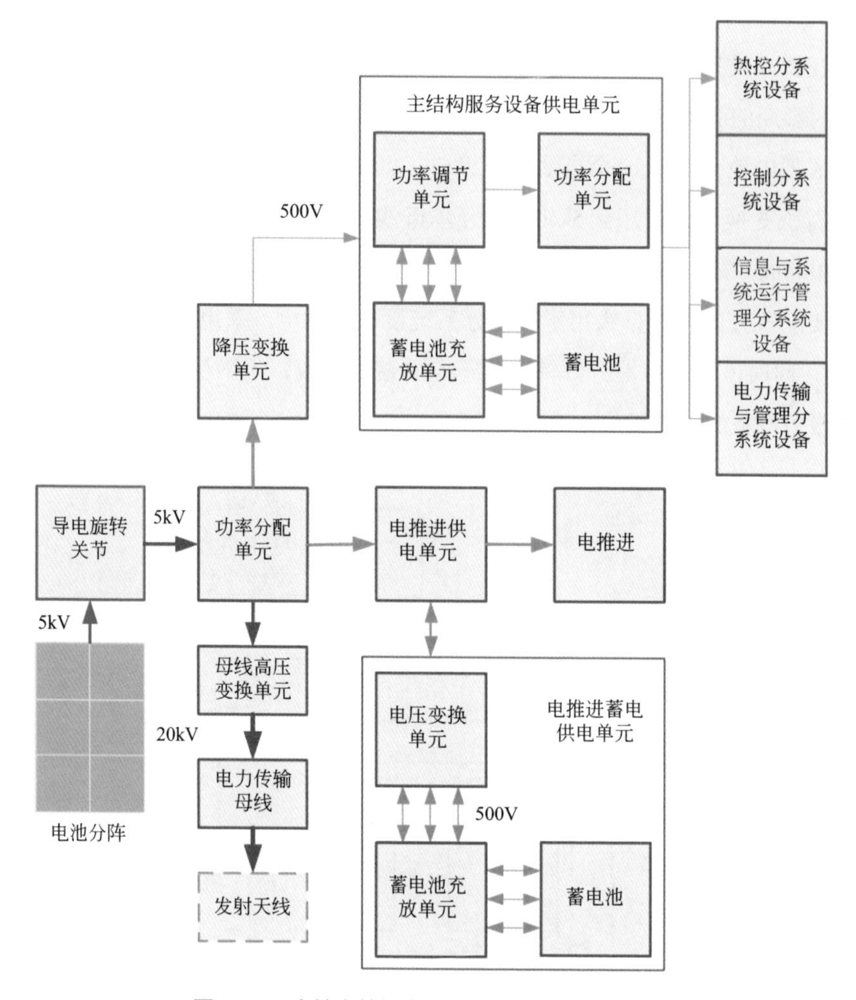

图7-14　电站主结构电力传输与管理方案示意图

在微波发射天线端，电力传输母线传输的电力需要首先经过降压变换单元将电压从20kV降至5kV，输出到多条天线子母线。每条天线子母线通过功率分配单元将主要功率分配到多个天线组装模块，再次经过降压变换单元将电压从5kV降至500V，通过多路输出为一定位置的天线子阵进行供电。天线子母线部分电力直接为电推进系统（5kV）供电，或进行降压变换分别用于蓄电池充电（500V），以及经过二次电压调节（100V/28V/12V/5V）后用于微波发射天线阵的服务分系统设备供电（图7-15）。

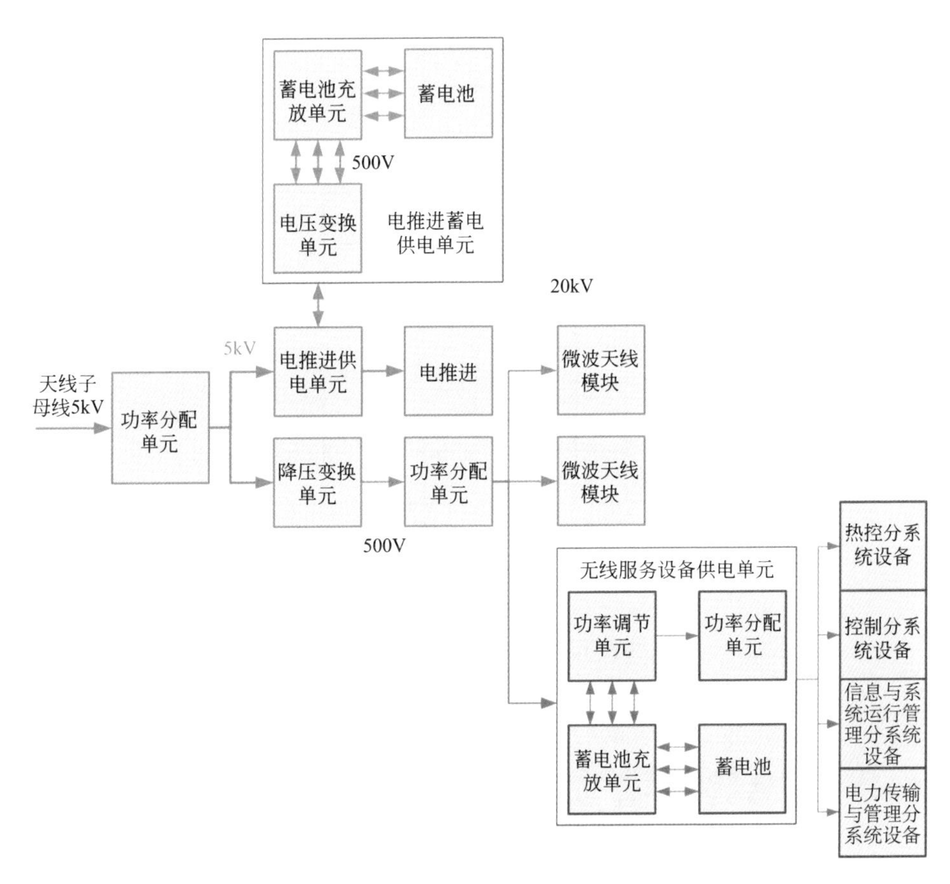

图7-15　微波天线端电力传输与管理示意图

7.4.3　微波无线能量传输分系统

空间太阳能电站的微波发射天线为一个直径1km的平面阵列天线，为了简化天线的结构，将圆形的微波发射天线简化为一个八边形结构，由80个100m×100m的天线结构子阵组成，如图7-16所示。每个天线结构子阵（图7-17）包括5个20m×100m的天线组装模块（图7-18），天线组装模块是天线在轨组装的基本单元，其收拢尺寸根据运载约束进行确定。每个天线组装模块包括20个天线结构模块，每个天线结构模块的尺寸为20m×5m×0.05m，是天线结构的基本单元。发射时，20个天线结构模块折叠收拢在一起，对应的尺寸为20m×5m×1.1m。每个天线结构模块包括16个天线子阵（2×8排列），因此，整个微波发射天线包括400个天线组装模块、8000个天线结构模块、128000个天线子阵。

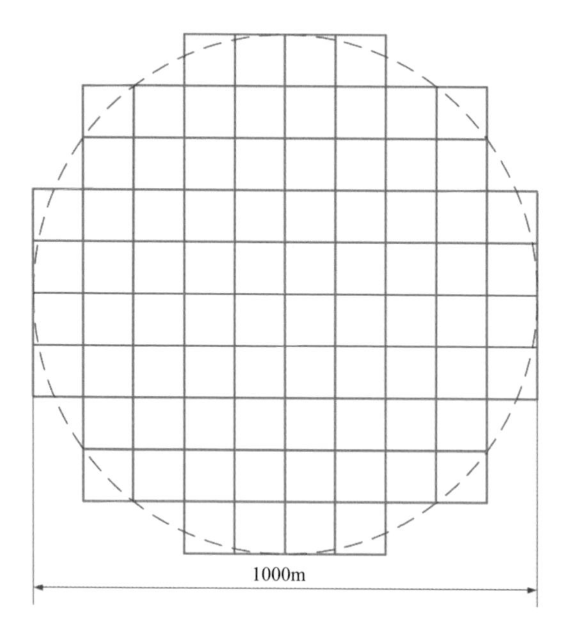

图7-16　微波发射天线构型示意图

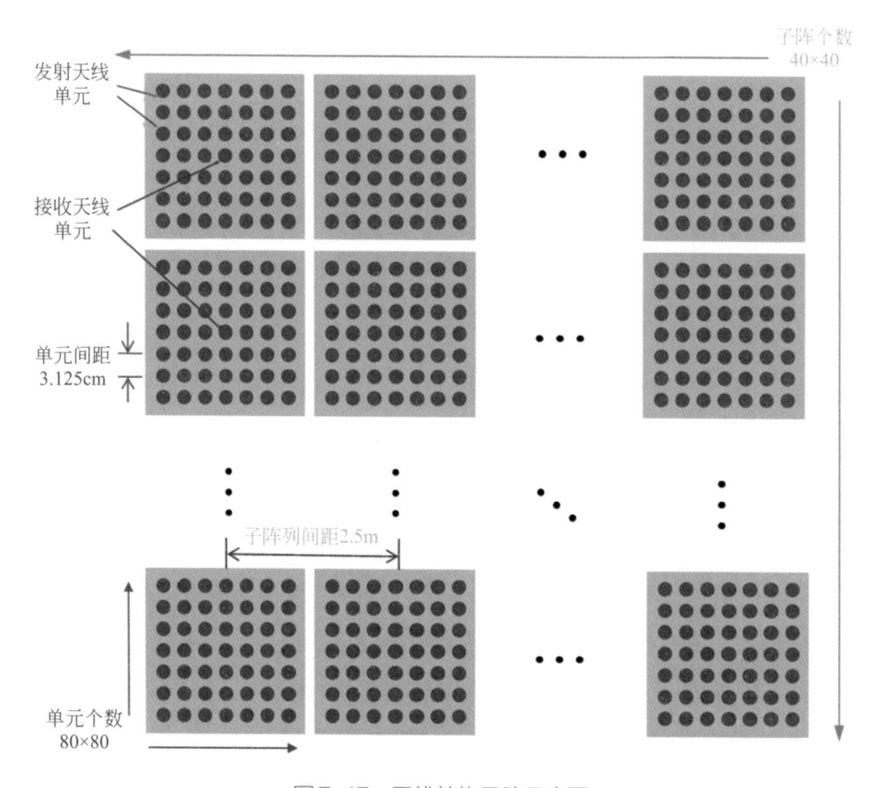

图7-17　天线结构子阵示意图

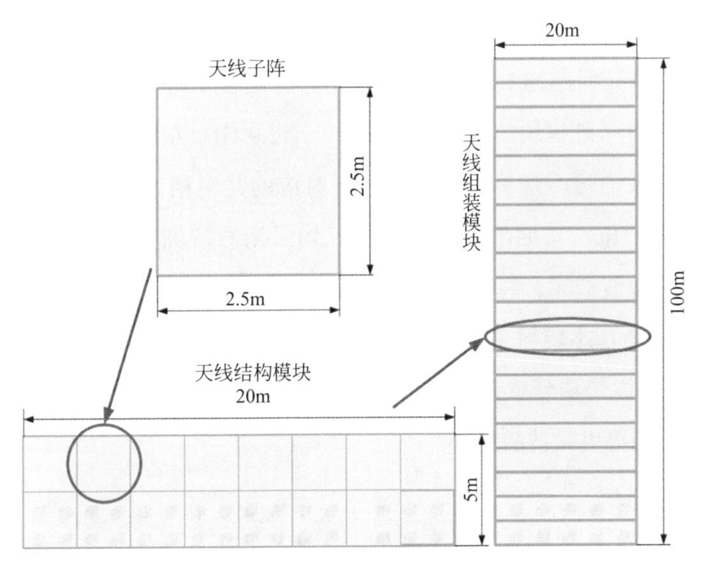

图7-18　天线组装模块的构成

天线子阵是微波发射天线的基本组件，尺寸为2.5m×2.5m，是相位控制的基本单元，即每个天线子阵对应一个独立的相位，采用微带天线结构。天线子阵采用固定馈电网络，整个子阵划分为5横5纵共25个区域（图7-19），每个区域为一个子阵模块，每个子阵模块尺寸为0.5m×0.5m。子阵在设计时需要考虑*Y*方向的波束指向需求，通过固定馈电网络实现A～E区之间的相对馈电相位差，从而实现相应的波束指向。每个天线子阵安装来波方向测量装置，通过波控单元调整天线子阵各子阵模块的相位，补偿天线子阵的姿态偏差。

E1	D1	C1	B1	A1
E2	D2	C2	B2	A2
E3	D3	C3	B3	A3
E4	D4	C4	B4	A4
E5	D5	C5	B5	A5

X
Y

图7-19　天线子阵分区示意

子阵模块的辐射单元分布如图7-20所示，除C3外每个子阵模块包括16×16个辐射单元，单元间距约3.125cm，均采用右旋圆极化微带天线，用于发射微波波束。其中，C3子阵模块的中心部分布置一个2.9 GHz左旋圆极化微带天线，用于接收导引波束信号，解算出接收信号所对应的共轭相位，该相位将作为该天线子阵的基准相位。其他部分的辐射单元均采用右旋圆极化微带天线，共252个，用于发射微波波束。每个子阵模块包含2×2个微带功分组元，每个微带功分组元含8×8个基本辐射单元。每个子阵模块采用一个固态功放，通过同轴功分分别接入4个微带功分单元，之后通过微带功分网络为微带功分组元内的8×8个基本辐射单元提供微波激励。

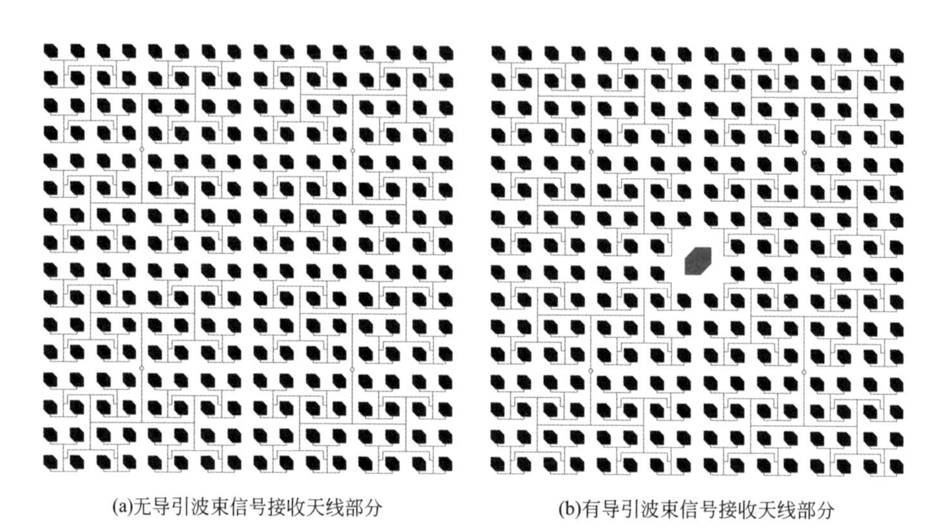

图7-20　子阵模块的辐射单元分布

微波能量传输采用的功率放大器只需覆盖5.8GHz单个频点即可，因此功率放大器的设计可以充分利用其窄带特性，尽可能提高其效率和增益。微波发射天线包括128000个子阵，每个子阵包括25个子阵模块，共需要3200000个功率放大器。假设发射天线采用均匀功率密度分布，每个功率放大器的输出功率为500W，采用F类GaN器件，效率为80%，对应每个辐射单元辐射微波功率约为1.95W。

7.4.4　结构分系统

结构分系统由多种标准结构模块组成，通过在轨展开和组装形成主结构、太阳电池分阵和微波发射天线的结构部分。标准结构模块主要包括桁架模块、连接模块和设备安装平台。

主桁架模块是主结构和微波发射天线结构的基本单元，在发射时处于收拢状态，运输进入GEO轨道后，通过展开机构沿轴向展开并锁定（图7-21）。主桁架模块根据不同的组装需求，在前后端或侧面安装对接装置，用于桁架模块之间或者桁架与连接模块间的组装。主桁架模块根据展开长度不同分为标准型和加长型两种。标准型主桁架模块直径为3m，收拢状态长度为3.5m，展开长度约为100m，模块质量约为2t；加长型主桁架模块简称为主桁架模块（长），主要用于微波天线阵主桁架结构的斜边部分以及主结构与微波天线阵连接的部分，直径为3m，收拢状态长度为5m，展开长度约为150m，模块质量约为3t。次桁架模块与主桁架模块结构形式相同，主要用于太阳电池分阵和微波发射天线的支撑结构，直径为2m，收拢状态长度为3m，展开长度约为100m，模块质量约为1t。

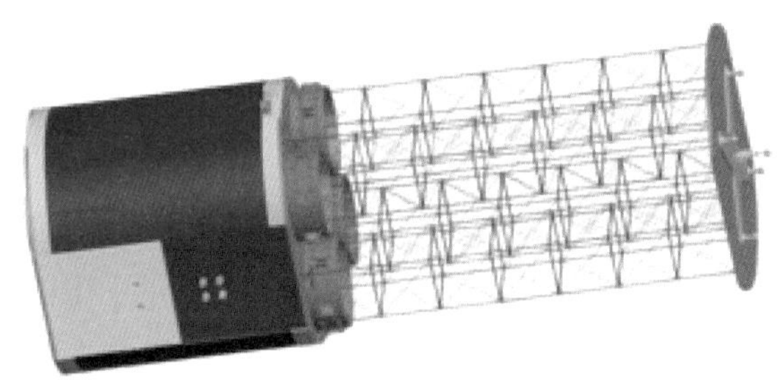

图7-21　主桁架模块收拢及展开状态示意

连接模块可用于特殊位置的桁架模块连接（图7-22），包括：L形连接模块，主要用于桁架结构中角部桁架模块的连接，实现90°夹角结构过渡；T形连接模块，主要用于桁架结构中T形位置桁架模块的连接；十字形连接模块，用于桁架结构中交叉位置的桁架模块连接；135°连接模块，主要用于微波天线阵八边形主桁架结构角部连接；5接口连接模块，用于主结构桁架与发射天线阵十字形桁架的连接。

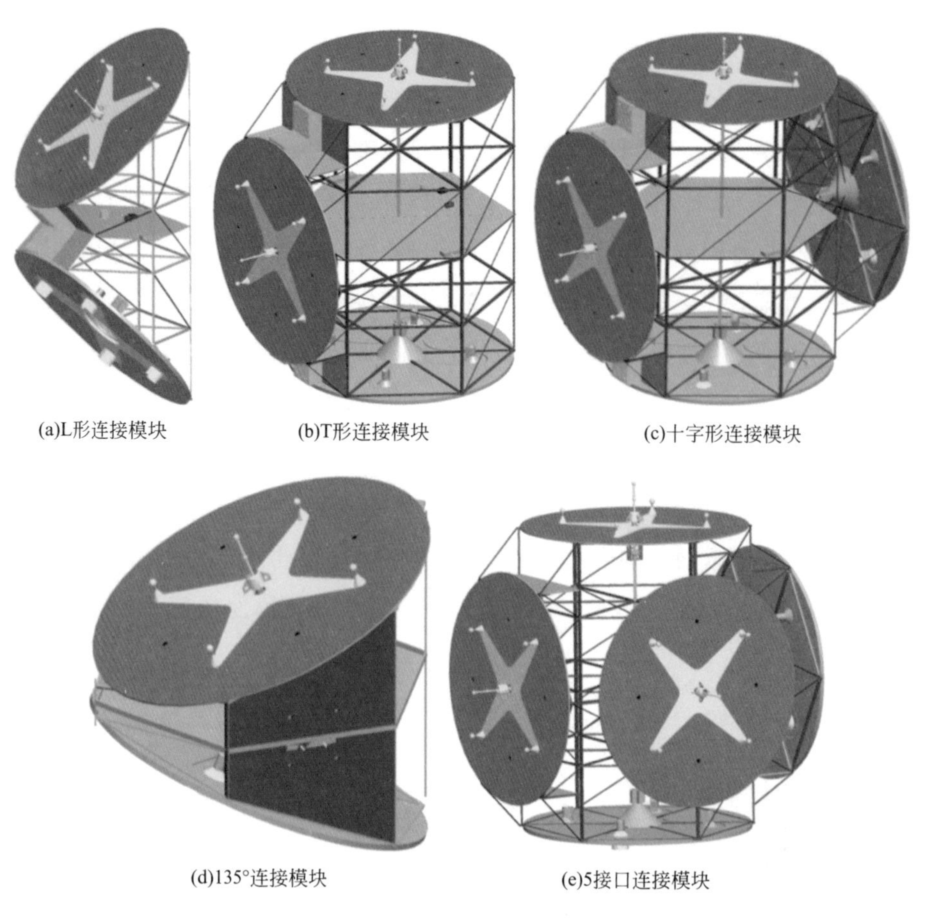

图7-22　不同的连接模块

空间太阳能电站的主结构如图7-23所示（粗蓝线部分），主结构将太阳电池阵和微波发射天线连接在一起，与太阳电池分阵结构、导电旋转关节模块和微

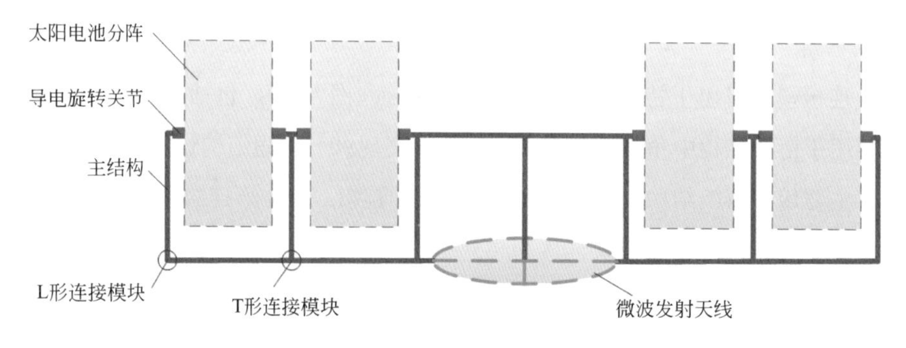

图7-23　电站主结构示意

波发射天线结构共同作为整个太阳能电站的主承力结构。主结构主要包括南北向主桁架结构和上下向主桁架结构，其中，南北向主桁架结构用于连接太阳电池分阵结构、导电旋转关节和微波发射天线结构，上下向主桁架结构用于连接两根南北向主桁架结构。

图7-24 太阳电池分阵支撑结构示意

太阳电池分阵支撑结构为一个200m×600m的十字结构（图7-24中粗黄线部分）。其中，200m结构由两个次桁架模块组成，两边连接导电旋转关节；600m结构由6个次桁架模块组成，主要连接太阳电池子阵，中间部分由一个十字形连接模块（小）连接而成。

微波发射天线采用八边形构型（图7-25），包括微波发射天线的主桁架结构和次桁架结构，考虑到主桁架结构和次桁架结构的连接，八边形边长分别为400m和424m。其中，主桁架结构为图中粗蓝线部分，包括八边形结构以及十字结构，用于与电站主结构进行连接，为整个天线提供基本的力学支撑；次桁架结构为图中细红线部分，整体结构为网格式，用于安装微波发射天线模块以及相关的设备。

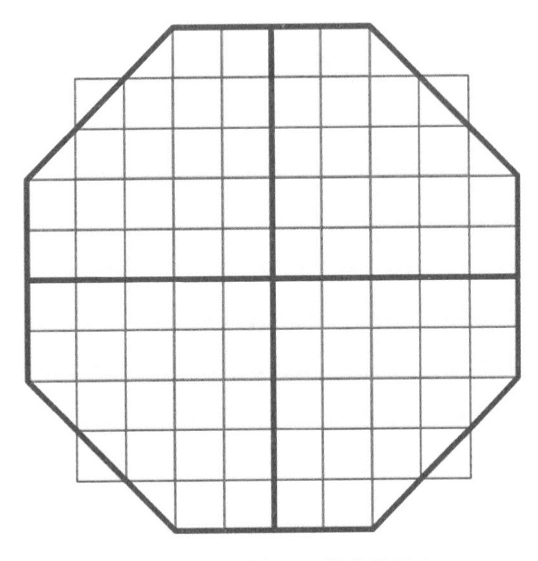

图7-25 微波发射天线结构示意

1GW空间太阳能电站结构分系统各部分模块组成见表7-3。

表7-3 结构分系统方案指标（1GW）

模块	主结构	太阳电池分阵支撑结构	微波天线支撑结构	总和	单个质量/t	总质量/t
主桁架模块	269	0	36	305	2	610
主桁架模块（长）	4	0	12	16	3	48
次桁架模块	0	400	180	580	1	580
T形连接模块	101	0	2	103	0.25	25.75
T形连接模块（小）	0	0	20	20	0.12	2.4
L形连接模块	4	0	0	4	0.2	0.8
L形连接模块（小）	0	0	12	12	0.1	1.2
十字形连接模块	0	0	2	2	0.3	0.6
十字形连接模块（小）	0	50	69	119	0.15	17.85
135°连接模块	0	0	8	8	0.2	1.6
5接口连接模块	0	0	1	1	0.35	0.35
设备安装平台	500	500	800	1800	0.1	180
总和	878	950	1142	2970	—	1468.55

7.4.5 方案小结

1GW多旋转关节空间太阳能电站初步方案小结见表7-4。

表7-4 1GW多旋转关节空间太阳能电站初步方案小结

系统参数	运行轨道	GEO
	组装轨道	GEO
	发电功率	约1GW（最大）
	系统效率/%	约12.6
	总质量/t	约9400

续表

太阳能收集与转化分系统	太阳电池	砷化镓（GaAs）电池
	电池形式	薄膜
	转化效率/%	约40
	太阳电池阵面积/km^2	约6
	电池面密度/（kg/m^2）	0.3
	子阵电压/V	约500
	子阵电流/kA	约8
	子阵数量/个	600
	分阵数量/个	50
	总质量/t	约1800
微波转化与传输分系统	微波频率/GHz	5.8
	转化效率/%	约54
	微波发射天线尺寸/km	1
	天线形式	相控阵天线
	模块数/个	128000
	每个模块输出功率/kW	12.5
	总质量/t	3600
	地面天线尺寸（直径）/km	4.5×6.5
电力传输与管理分系统	供电形式	集中式+分布式
	电力传输主母线电压/kV	20
	电池分阵母线电压/kV	5
	母线质量/t	1260
	微波供电电压/kV	5
	蓄电池容量/MWh	30
	蓄电池质量/t	60
	旋转关节质量/t	100
	总质量/t	约2200

续表

结构分系统	支撑结构	桁架展开
	总质量/t	约1468
姿轨控分系统	姿轨控发动机	电推力器
	推力/N	1.2
	发动机数量/个	340
	动量轮数量/个	50
	总质量/t	60
其他	热控分系统质量（约2%总质量）/t	200
	信息与系统运行管理分系统质量（约1%总质量）/t	100
运载方式	无人运载器	重型运载
地面接收站	数量/个	1
运行方式	工作方式	连续电力传输

7.5　空间太阳能电站的运输

GW级空间太阳能电站总质量约为10000t，地面-LEO运输系统考虑采用CZ-5运载火箭和CZ-9运载火箭，假设可以达到的主要运输能力如表7-5所示。轨道间运输采用可重复使用的基于太阳能电推进的轨道间运输器。

表7-5　CZ-5和CZ-9重型运载火箭主要运输能力

火箭	LEO（0°倾角）/t	GTO/t	GEO/t	载荷直径/m	载荷长度/m
CZ-5	25	14	5.1	5	20
CZ-9	120	66	—	10	22

多旋转关节空间太阳能电站的组成模块主要包括主桁架模块、次桁架模块、多种连接模块、太阳电池子阵模块、微波天线组装模块以及其他模块和服务系统设备等，对应的模块数量、尺寸和质量见表7-6。各主要模块的运载封装

状态如下。

表7-6　空间太阳能电站主要模块状态统计

模块	数量	收拢尺寸/m	单个质量/kg	总质量/t
主桁架模块	305	ϕ3×3.5	2000	610
主桁架模块（长）	16	ϕ3×5	3000	48
次桁架模块	580	ϕ2×3	1000	580
T形连接模块	103	4×3.5×3	250	25.75
T形连接模块（小）	20	3×2.5×2	120	2.4
L形连接模块	4	4.7×2.2×3	200	0.8
L形连接模块（小）	12	3.5×1.5×2	100	1.2
十字形连接模块	2	4×4×3	300	0.6
十字形连接模块（小）	119	3.1×3.1×2	150	17.85
135连接模块	8	2.8×2.8×3	200	1.6
5接口连接模块	1	4×4×3.5	350	0.35
太阳电池子阵模块	600	4×4×2	3000	1800
微波天线组装模块	400	20×5×1.1	9000	3600
电子设备安装平台	1800	—	100	180
电力传输与管理分系统设备	—	—	—	2220
姿态与轨道控制分系统	—	—	—	60
热控分系统	—	—	—	200
信息与系统运行管理分系统	—	—	—	50

（1）主桁架模块的运载发射封装状态

主桁架模块在整流罩内的封装状态如图7-26所示。采用CZ-5运载发射，受到包络限制，一层可装载1个，共可装载5层，一次可发射5个主桁架模块，总质量为10～15t，假设适配器结构质量为1t，满足CZ-5运载的发射能力，321个模块共需要约64次发射。

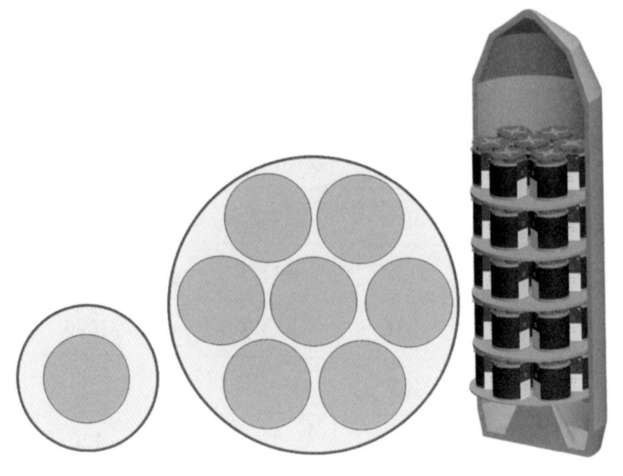

图7-26　主桁架模块的发射封装状态示意图（CZ-5、CZ-9）

如采用CZ-9重型运载火箭发射，根据包络限制，一层可装载7个，共可包容5层（一层为加长型），一次可发射35个主桁架模块，总质量最大达到77t，假设适配器结构质量为3t，满足CZ-9运载的发射能力，321个模块共需要约9次发射。

（2）次桁架模块的运载发射封装状态

次桁架模块在整流罩内的封装状态如图7-27所示。采用CZ-5运载发射，受到包络限制，一层可装载3个，共可装载6层，一次可发射18个电池分阵桁架模块，总质量为18t，假设适配器结构质量为2t，满足CZ-5运载的发射能力，580个模块共需要约32次发射。

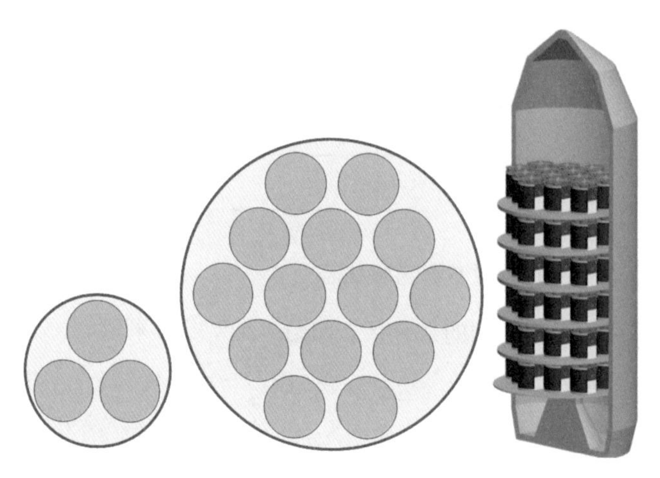

图7-27　次桁架模块的发射封装状态示意图（CZ-5、CZ-9）

如采用CZ-9重型运载火箭发射，根据包络限制，一层可装载14个，共可包容6层，一次可发射84个电池分阵桁架模块，总质量为84t，假设适配器结构质量为5t，满足CZ-9运载的发射能力，580个模块共需要约7次发射。

（3）太阳电池子阵模块的运载发射封装状态

太阳电池子阵模块在整流罩内的封装状态如图7-28所示。采用CZ-5运载发射，受到包络限制，一层可装载1个，共可装载4层，一次可发射4个模块，总质量为12t，假设适配器结构质量为1t，符合CZ-5运载的发射能力，600个模块共需要150次发射。

采用CZ-9重型运载火箭发射，根据包络限制，一层可装载6个，共可包容5层，一次可发射30个模块，总质量为90t，假设适配器结构质量为5t，满足CZ-9运载的发射能力，600个模块共需要约20次发射。

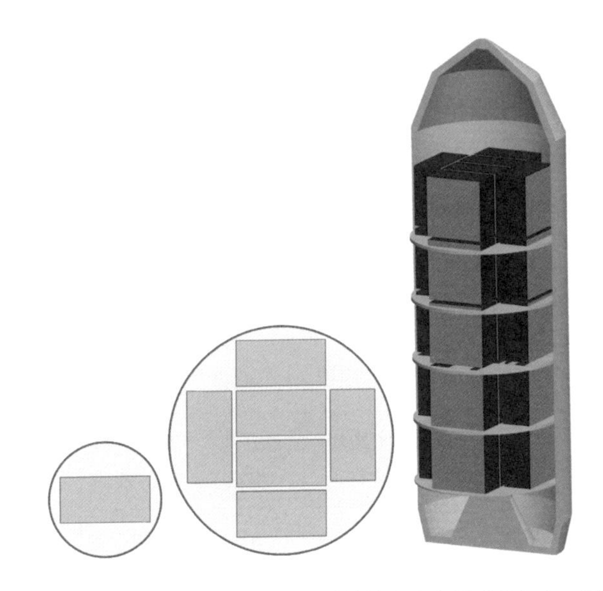

图7-28　太阳电池子阵模块的发射封装状态示意图（CZ-5、CZ-9）

（4）微波天线组装模块的运载发射封装状态

微波天线组装模块只能采用CZ-9重型运载进行发射，可以一次发射9个天线组装模块（图7-29），总质量为81t，假设适配器结构质量为5t，满足运载能力，400个模块共需要约45次发射。

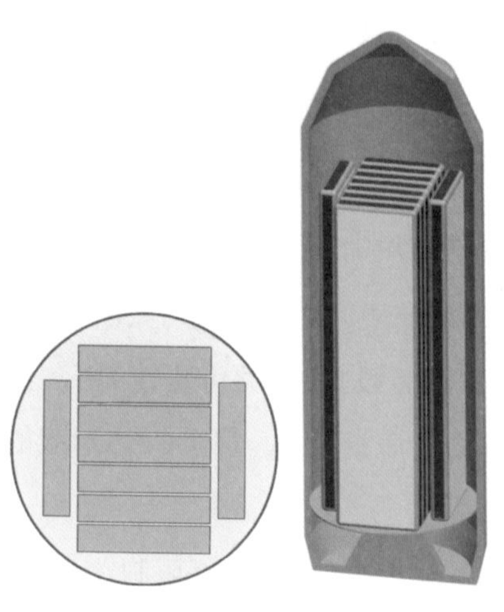

图7-29 微波天线组装模块的发射封装状态示意图（CZ-9）

（5）其他

空间太阳能电站除上述主要部件外，还包括各种连接模块、设备安装平台、电力传输电缆、电力管理设备、电推力器、控制系统相关设备以及信息与系统运行管理设备，总质量约2760t。采用CZ-5运载火箭，平均每次运输20t，共需要约138次发射。采用CZ-9重型运载火箭，平均每次运输100t，共需要约28次发射。

空间太阳能电站主要模块运输次数统计见表7-7。

表7-7 空间太阳能电站主要模块运输次数统计

模块	主桁架模块	次桁架模块	太阳电池子阵模块	微波天线组装模块	其他设备
CZ-5一次发射数量	5	18	4	—	—
CZ-5运输次数	64	32	150	—	138
CZ-9一次发射数量	35	84	30	9	—
CZ-9运输次数	9	7	20	45	28
采用CZ-5发射数量	384（不包括发射天线）				
采用CZ-9发射数量	109				

空间太阳能电站组装模块通过重型运载火箭发射进入近地轨道后，采用可重复使用太阳能电推进轨道间运输器将模块运输到地球静止轨道。轨道间运输器首先运行在近地轨道，组装模块与运载火箭分离后将被轨道间运输器的机械臂抓住，与轨道间运输器对接（图7-30）；之后轨道间运输器防护罩闭合，启动电推力系统将载荷运输到地球静止轨道，根据需求对空间组装模块进行释放和部署；之后根据任务规划重新返回到近地轨道开展下一次运输。

图7-30　可重复使用太阳能电推进轨道间运输器对接载荷示意图

7.6　空间太阳能电站的在轨组装

根据多旋转关节空间太阳能电站的构型和模块设计，需要进行组装的模块主要包括主桁架模块、次桁架模块、多种桁架连接模块、太阳电池子阵模块、微波天线组装模块，并且需要安装服务系统设备和连接电缆等，典型模块的组装状态如下。

（1）桁架模块间的组装

桁架模块间的组装采用先对接再展开的方式，每一个待组装桁架模块需要通过组装机器人与已展开的桁架模块或连接模块进行对接，之后利用自身的展开机构进行桁架展开（图7-31）。

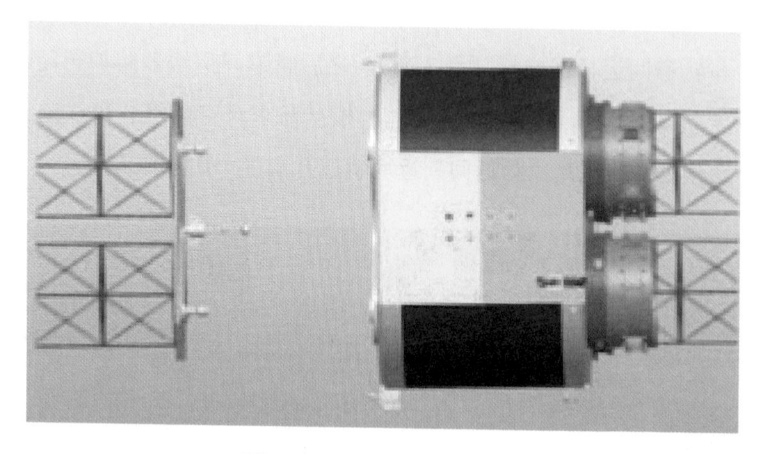

图7-31　桁架模块组装状态

（2）连接模块与桁架模块的组装

连接模块与桁架模块的组装直接通过组装机器人与已展开的桁架模块进行对接。典型的组装状态包括L形桁架连接模块组装状态（图7-32）、T形对接模块组装状态（图7-33）、135°对接模块组装状态（图7-34）、十字形桁架连接模块组装状态（图7-35）和5接口桁架连接模块组装状态（图7-36）。

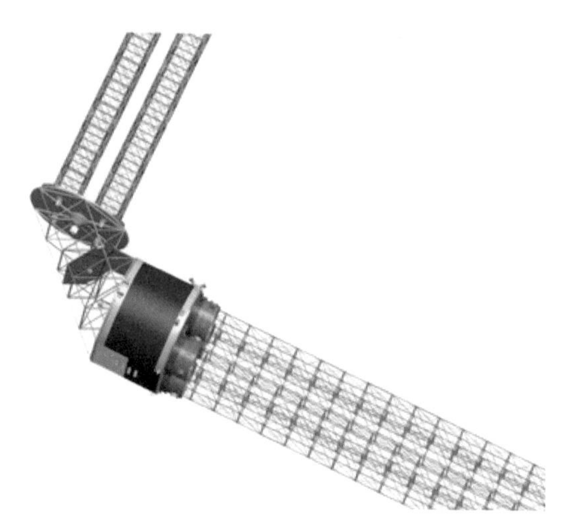

图7-32　L形桁架连接模块组装状态

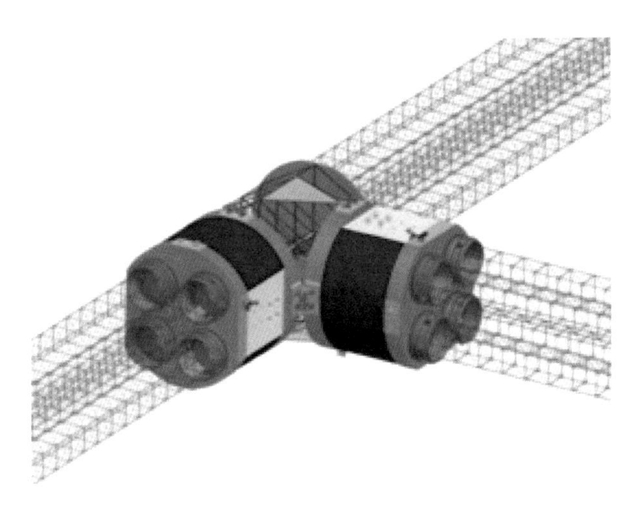

图7-33　T形对接模块组装状态

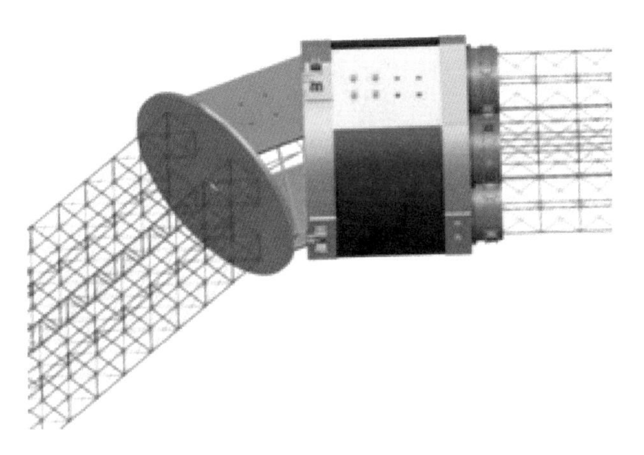

图7-34　微波发射天线主桁架135°对接模块组装状态

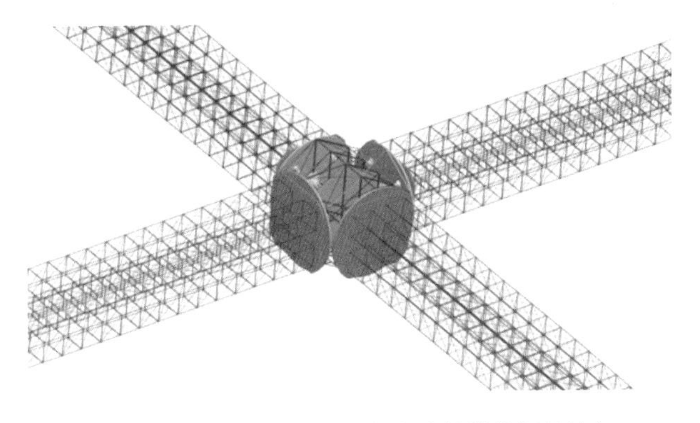

图7-35　电池分阵十字形桁架连接模块组装状态

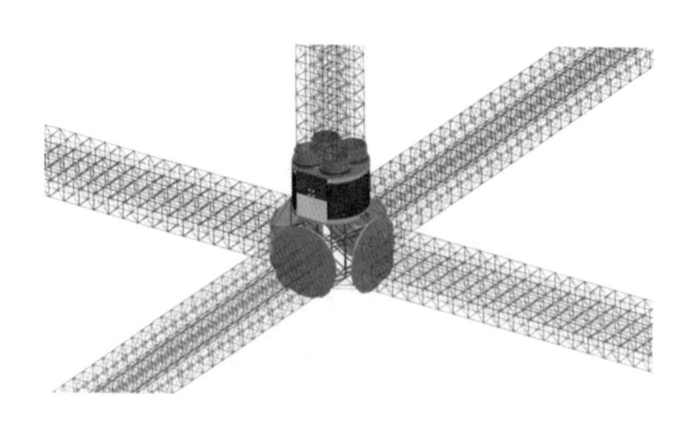

图7-36　5接口桁架连接模块组装状态

（3）太阳电池子阵模块与次桁架模块间组装

太阳电池子阵模块与次桁架模块间组装采用先对接再展开的方式，每个待组装太阳电池子阵模块需要通过组装机器人与次桁架模块的一个对接接口进行对接，之后利用自身的展开机构以及组装机器人的辅助进行太阳电池子阵的展开，展开到位后，与其他模块（包括与桁架模块和其他太阳电池子阵）进行对接。图7-37给出了太阳电池子阵模块与次桁架模块间组装状态。

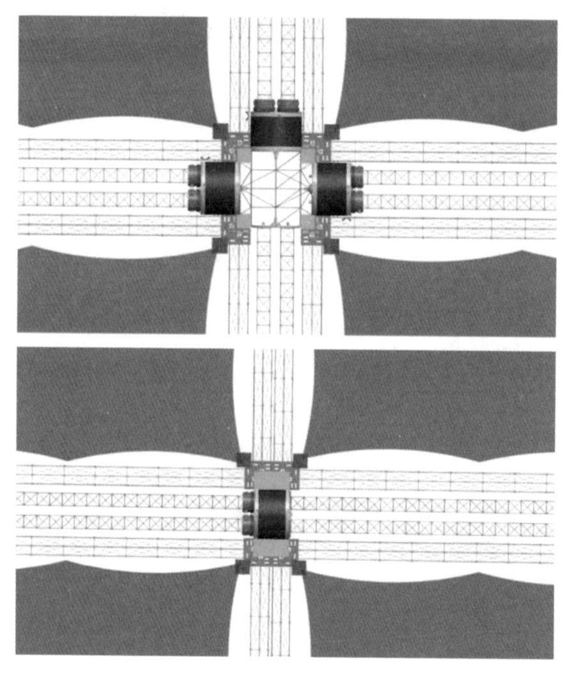

图7-37　太阳电池子阵模块与次桁架模块间组装状态

（4）微波天线组装模块与次桁架模块间的组装

微波天线组装模块质量大、展开尺寸大，微波天线组装模块与次桁架模块间采用先展开再对接的方式，每个微波天线组装模块需要通过多个组装机器人协作进行在轨展开，之后运送到指定的安装位置，再通过多个组装机器人协作与次桁架模块的组装接口进行组装（图7-38）。

图7-38　天线组装模块铺设

7.7　空间太阳能电站经济性

7.7.1　全周期成本分析流程

空间太阳能电站（SPS）的经济性分析考虑从设计到寿命终了全过程的直接成本，主要包括系统设计、研制建造、发射部署、组装测试、运行维护以及系统关闭及再利用等6个阶段，但不包括为了发展空间太阳能电站所进行的前期技术研发和系统验证所产生的费用，也不包括运载、发射场、空间构建及支持、地面运行控制等大系统的研发和基础建设成本。空间太阳能电站系统的成本分析流程如图7-39所示。首先需要明确系统顶层输入参数，之后根据设计方案确定地面段和空间段相关参数，在相关参数基础上确定主要分系统的研制成本；根据运输输入参数确定主要分系统的发射成本，根据组装输入参数确定空间太阳能电站的组装成本，之后确定SPS的建造成本；根据在轨运行、维护以及报废处理的复杂程度确定整个系统的运行维护处理成本。以上几项成本之和就是空间太阳能电站的全周期成本，结合寿命期内的总发电量，即可得到空间太阳能电站的发电成本。

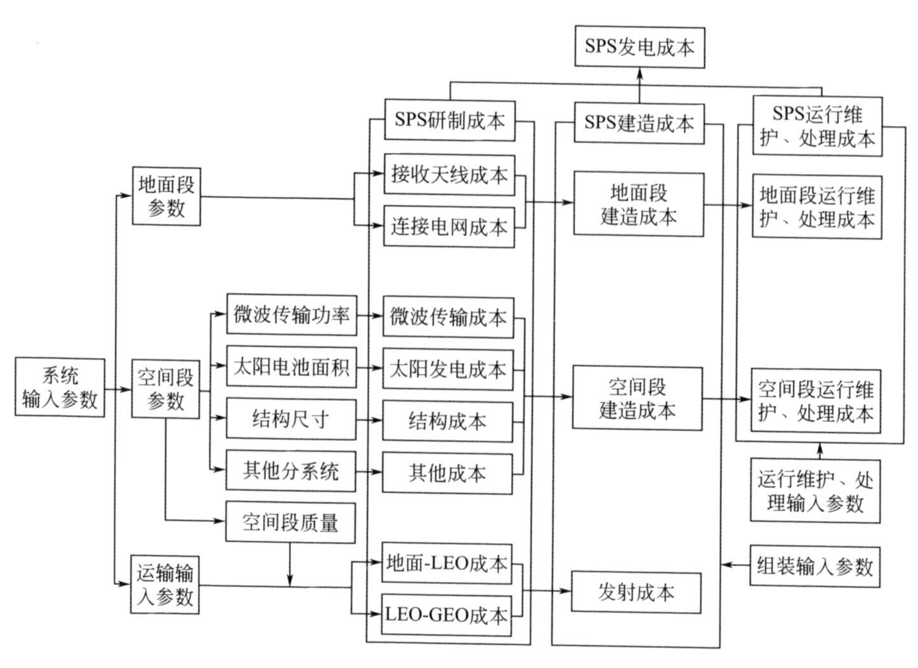

图7-39　SPS成本分析流程

7.7.2　电站成本分析结果

电站成本分析顶层输入参数如下：

① 发电功率：1GW（平均功率）。

② 系统效率：约13%。

③ 系统运行寿命：30年。

④ 发射能力：

- 地面-LEO（CZ-9重型运载）：120t（最大）；
- LEO-GEO：120t（最大）。

⑤ 运输成本：

- 地面-LEO：1亿元/次；

● LEO-GEO：2亿元/次（包括轨道间运输器的折旧成本）。

⑥ 发射及组装周期：2年。

⑦ 接收天线尺寸：平均5.5km。

根据上述顶层参数以及前面的电站各分系统参数，初步分析整个寿命周期内空间太阳能电站研制、发射、建造、运行等成本总数约为1300亿元。1GW空间太阳能电站在正常工作的情况下，30年寿命期内的发电量约为2365亿度。

参考文献

[1] ESA Agenda 2025[R]. ESA, 2021.

[2] National Space Strategy[R]. UK Space Agency, 2021.

[3] Net Zero by 2050: A Roadmap for the Global Energy Sector[R]. IEA, 2021.

[4] The Space Energy Initiative[R]. The Space Energy Initiative, UK, 2021.

[5] Space Based Solar Power: De-risking the pathway to Net Zero[R]. Frazer-Nash Consultancy, 2021.

[6] Space-Based Solar Power: A Future Source of Energy For Europe[R]. Frazer-Nash Consultancy, 2022.

[7] Space-Based Solar Power: Can It Help to Decarbonize Europeand Make It More Energy Resilient[R]. Roland Berger, 2022.

[8] Catching the Sun: A National Strategy for Space Solar Power[R]. The Beyond Earth Institute, 2021.

[9] Outline of the Basic Plan on Space Policy[R]. National Space Policy Secretariat, Cabinet Office, Japan, 2020.

[10] Jaffe P, Borders K, Browne C, et al. Opportunities and Challenges for Space Solar for Remote Installations[R]. NRL/MR/8243--19-9813. Naval Research Laboratory, Washington, D. C., USA, 2019.

[11] Mankins J C. SPS-ALPHA: The First Practical Solar Power Satellite via Arbitrarily Large Phased Array Final Report[R]. NASA NIAC, 2012.

[12] Vedda J A, Jones K L. Space-Based Solar Power: A Near-Term Investment Decision[R]. Center for Space Policy and Strategy. Space Agenda 2021, 2020.

[13] Butow S, Cooley T, Felt E, et al. State of the Space Industrial Base 2020[R]. 2020.

[14] Olson J, Butow S, Felt E, et al. State of the Space Industrial Base 2022[R]. 2022.

[15] SPACE: The Dawn of a New Age[R]. Citi GPS: Global Perspectives & Solutions, 2022.

[16] Smitherman D V. Space Elevators: An Advanced Earth-Space Infrastructure for the New Millennium[R]. NASA/CP-2000-210429. Marshall Space Flight Center, Huntsville, Alabama, 2000.

[17] Edwards B C. The Space Elevator[R]. NIAC Phase II Final Report, 2003.

[18] National Security Space Office. Space-Based Solar Power as An Opportunity for Strategic Security[R]. DOD, 2007.

[19] Inter-Agency Space Debris Coordination Committee. IADC Space Debris Mitigation Guideline, IADC-02-01[R]. IADC, 2002.

[20] Inter-Agency Space Debris Coordination Committee. IADC Space Debris Mitigation Guidelines, Revision 1, IADC-02-01[R]. IADC, 2007.

[21] The Luna Ring–Lunar Solar Power Generation[R]. Shimizu Corporation, 2009.

[22] Mankins J C. Fifty Years of Space Solar Power[C]. 69th International Astronautical Congress, Bremen, Germany, 2018.

[23] Choi J M, Moon G W. Conceptual Design of Korean Space Solar Power Satellite[C]. 70th International Astronautical Congress, Washington D. C., USA, 2019.

[24] Jaffe P. A Feasibility Assessment for Providing Energy to Remote Installations via Space Solar[C]. 70th International Astronautical Congress, Washington D. C., USA, 2019.

[25] Cash I. CASSIOPeiA—A New Paradigm for Space Solar Power[C]. 69th International Astronautical Congress, Bremen, Germany, 2018.

[26] Mihara S, Machida H, Sasaki K. Current Status of the SSPS Development and the Result of Ground to Air Microwave Power Transmission Experiment[C]. 70th International Astronautical Congress, Washington D. C., USA, 2019.

[27] Mankins J C. IAA Decadal Assessment of Space Solar Power: A Progress Report[C]. 71th International Astronautical Congress, Dubai, UAE, 2021.

[28] Mankins J C. SPS-ALPHA Mark-III and an Achievable Roadmap to Space Solar Power[C]. 71th International Astronautical Congress, Dubai, UAE, 2021.

[29] Summerer L, Vijendran S, Makaya A, et al. Space-Based Solar Power Plants - Outcome of A Thorough Cost Benefit Analysis in the Light of Achieving the Net-Zero CO_2 Target by 2050[C]. 72th International Astronautical Congress, Paris, France, 2022.

[30] Soltau M, Homfray D, Cash I, et al. The UK Space Energy Initiative – Towards a Practical Space Based Power System for the Net Zero Era[C]. 72th International Astronautical Congress, Paris, France, 2022.

[31] Sasaki K, Machida H, Ijichi K, et al. The Outline and the Current Status of the Power Transmission System Development Project for the Realization of the SSPS[C]. 72th International Astronautical Congress, Paris, France, 2022.

[32] Mankins J C. SPS-ALPHA: Evolving Markets, Capabilities and Concepts of Operations for Modular & Practical Space Solar Power (SSP) [C]. 72th International Astronautical Congress, Paris, France, 2022.

[33] Choi J M, Yi S H. Proposal of the First Korean Pilot System for Space Based Solar Power (SBSP) [C]. 72th International Astronautical Congress, Paris, France, 2022.

[34] Grundmanna J T, Spietz P, Seefeldt P, et al. GOSSAMER Deployment Systems for Flexible

Photovoltaics[C]. 67th International Astronautical Congress, Guadalajara, Mexico, 2016.

[35] Mihara S, Maekawa K, Nakamura S, et al. The Current Status of Microwave Power Transmission for SSPS and Industry Application[C]. 68th International Astronautical Congress, Adelaide, Australia, 2017.

[36] Mihara S, Maekawa K, Nakamura S, et al. The Road Map toward the SSPS Realization and Application of Its Technology[C]. 69th International Astronautical Congress, Bremen, Germany, 2018.

[37] Sasaki S, Tanaka K, Higuchi K, et al. Feasibility Study of Multi-Bus Tethered-SPS[C]. 59th International Astronautical Congress, Glasgow, UK, 2008.

[38] Gdoutos E E, Leclerc C, Royer F. A Lightweight Tile Structure Integrating Photovoltaic Conversion and RF Power Transfer for Space Solar Power Applications[C]. 2018 AIAA Spacecraft Structures Conference, Kissimmee, USA, 2018.

[39] Arya M, Lee N, Pellegrino S. Ultralight Structures for Space Solar Power Satellites[C]. 3rd AIAA Spacecraft Structures Conference, San Diego, USA, 2016.

[40] Pedivellano A, Gdoutos E E, Pellegrino S. Sequentially Controlled Dynamic Deployment of Ultra-Thin Shell Structures[C]. SciTech 2020, Orlando, USA, AIAA-2020-0690.

[41] Gdoutos E E, Truong A, Pedivellano A, et al. Ultralight Deployable Space Structure Prototype[C]. SciTech 2020, Orlando, USA, AIAA-2020-0692.

[42] Seboldt W, Klimke M, Leipold M, et al. European Sail Tower SPS Concept[J]. Acta Astronautica, 2001, 48: 785-792.

[43] Hoffert M I, Caldeira K, Benford G, et al. Advanced Technology Paths to Global Climate Stability: Energy for A Greenhouse Planet[J]. Science, 2002, 298: 981-987.

[44] Mankins J C. A Fresh Look at Space Solar Power: New Architectures, Concepts and Technologies[J]. Acta Astronautica, 1997, 41: 347-359.

[45] Mankins J C. A Technical Overview of the SUNTOWER Solar Power Satellite Concept[J]. Acta Astronautica, 2002, 50: 369-377.

[46] Sasaki S, Tanaka K, Higuchi K, et al. A New Concept of Solar Power Satellite: Tethered-SPS[J]. Acta Astronautica, 2006, 60: 153-165.

[47] Rodenbeck C T, Jaffe P Ⅰ, Strassner Ⅱ B H, et al. Microwave and Millimeter Wave Power Beaming[J]. IEEE Journal of Microwaves, 2021, 1 (1): 229-259.

[48] Jin K, Zhou W Y. Wireless Laser Power Transmission: A Review of Recent Progress[J]. IEEE Transactions on Power Electronics, TPEL-Reg- 2018-02-0304.

[49] Jaffe P, Hodkin J, Harrington F, et al. Sandwich Module Prototype Progress for Space Solar Power[J]. Acta Astronautica, 2014, 94: 662–671.

[50] Hashemi M R, Fikes A C, Gal-Katziri M, et al. A Flexible Phased Array System with Low Areal Mass Density[J]. Nature Electronics, 2019, (5): 195-205.

[51] Hou X B. Study on Multi-Rotary Joints Space Power Satellite Concept[J]. Aerospace China, 2018, 19 (1): 19-26.

[52] Meng X L, Xia X L, Sun C, et al. Optimal Design of Symmetrical Two-Stage Flat Reflected Concentrator[J]. Solar Energy, 2013, 93: 334-344.

[53] Cash I. CASSIOPeiA – A New Paradigm for Space Solar Power[J]. Acta Astronautica, 2019, 159: 170-178.

[54] Retherford C. The Promise of Space-Based Solar Power[J]. Space Policy Review, 2022(1): 1-24.

[55] Glaser P E. Power from the Sun: Its Future[J]. Science, 1968, 162: 867-886.

[56] YangY, Zhang Y Q, Duan B Y, et al. A Novel Design Project for Space Solar Power Station (SSPS-OMEGA) [J]. Acta Astronautica, 2016, 121: 51-58.

[57] Hou X, Wang L, Liu Z. High-Voltage and High-Power Electricity Generation, Transmission and Management of MR-SPS[J]. Advances in Astronautics Science and Technology, 2022, 5 (1): 31-38.

[58] Shi D, Hou X B, Huang X J, et al. Designing of Long Distance LWPT System for SPS[J]. Advances in Astronautics Science and Technology, 2022, 5 (1): 11-17.

[59] Wu M, Liu Q, Qian M. Fabrication and Experimental Investigation of Flexible Thin Film Solar Module with Ultra-high Voltage for the Space Power Satellites[J]. Advances in Astronautics Science and Technology, 2022, 5 (1): 59-63.

[60] Mankins J C. The Case for Space Solar Power[M]. Houston, TX: Virginia Edition Publishing, 2014.

[61] https://images.nasa.gov/

[62] https://www.esa.int/Enabling_Support/Space_Engineering_Technology/SOLARIS/

[63] https://physicsworld.com/a/space-based-solar-power-could-beaming-sunlight-back-to-earth-meet-our-energy-needs/

[64] https://www.spacedevelopmentfoundation.org/wordpress/space-solar-power-symposium-2022-agenda/

[65] 庄逢甘，李明，王立，等. 未来航天与新能源的战略结合——空间太阳能电站[J]. 中国航天，2008（7）：36-39.

[66] 王希季，闵桂荣. 发展空间太阳能电站引发新技术产业革命[N]. 科学时报，2011-12-7（A1）.

[67] 侯欣宾，张兴华，王立. 空间太阳能电站概论[M]. 北京：中国宇航出版社，2020.

[68] 赵长明. 太阳光泵浦激光器[M]. 北京：国防工业出版社，2016.

[69] 黄卡玛，陈星，刘长军. 微波无线能量传输原理与技术[M]. 北京：科学出版社，2021.

[70] 马海虹，李成国，董亚洲，等. 空间无线能量传输技术[M]. 北京：北京理工大学出版社，2019.

[71] 陈琦，刘治钢，张晓峰，等. 航天器电源技术[M]. 北京：北京理工大学出版社，2018.

[72] 王立，郭树龄，徐娜军，等. 卫星抗辐射加固技术概论[M]. 北京：中国宇航出版社，2021.

[73] 侯欣宾，王立，张兴华，等. 多旋转关节空间太阳能电站概念方案设计[J]. 宇航学报，2015，（11）：1332-1338.

[74] 杨阳，段宝岩，黄进，等. OMEGA型空间太阳能电站聚光系统设计[J]. 中国空间科学技术，2014，（5）：18-23.

[75] 赵长明，王云石，郭陆灯，等. 激光无线能量传输技术的发展[J]. 激光技术，2020，44（5）：538-545.

[76] 侯欣宾，王薪，王立，等. 空间太阳能电站反向波束控制仿真分析[J]. 宇航学报，2016（7）：887-894.

[77] 王凯，王训春，钱斌，等. 高效太阳电池及其阵列技术的空间应用研究进展[J]. 硅酸盐学报，2022，50（5）：1436-1446.

[78] 倪旺，刘兴江. 激光光伏电池技术研究进展[J]. 电源技术，2022，42（4）：356-359.

[79] 李娟，俞浩，虞天成. 用于无线能量传输的高效率半导体激光器设计[J]. 红外与激光工程，2021，50（5）：1-8.

[80] 李振宇，张建德，黄秀军. 空间太阳能电站的激光无线能量传输技术研究[J]. 航天器工程，2015，24（1）：31-37.

[81] 侯欣宾，石德乐，徐红艳. 激光无线能量传输的应用前景分析[C]. 第五届无线传能与能源互联技术论坛，成都，2021.

[82] 侯欣宾，张潇，成正爱，等. 模块化多旋转关节空间太阳能电站方案设计[C]. 宇航学会空间太阳能电站专业委员会2021年学术交流会，重庆，2022.

[83] 气候变化2014综合报告决策者摘要[R]. IPCC，2014.

[84] 全球升温1. 5℃特别报告决策者摘要[R]. IPCC，2019.

[85] 李勋. 空间太阳能电站大型微波阵列发射天线若干问题研究[D]. 西安：西安电子科技大学，2017.

[86] 段竹竹. 球型空间太阳能电站聚光系统的光学分析与优化[D]. 西安：西安电子科技大学，2017.

[87] 樊冠恒. 空间太阳能电站聚光与光电转换系统散热分析与创新设计[D]. 西安：西安电子科技大学，2022.

[88] 阮柏栋. 微波无线能量传输回复式反射跟踪聚焦技术[D]. 南京：南京航空航天大学，2017.

[89] 曹雪梅. 移动目标跟踪无线能量传输技术[D]. 南京：南京航空航天大学，2019.